W0287770

MATHEMATIK

4. Klasse

Christine Brüning
Georg Kick
Monika Seidel

STARK

Bildnachweis
Umschlagbild sowie alle farbigen Illustrationen: Katrin Merle
Schwarz-Weiß-Illustrationen: Claudia Bichler
S. 20: Marion Augenstein
S. 22: © Villa Romana del Casale – Piazza Armerina – www.villaromanadelcasale.it
S. 24: Marionetten: © Marionettentheater Schloss Schönbrunn
S. 27: Marion Augenstein
S. 30, 31: © Didier Kobi / Dreamstime.com
S. 32: Kette: © Jose Gil / Dreamstime.com
S. 34: Pfeil: © Mandygobehear / Istockphoto.com
S. 37: Eis: © M. Unal Ozmen/Shutterstock; Buch: © K.-U. Häßler – Fotolia.com;
Rotes Auto: © HSNphotography / Shutterstock; Jacke: © Evaletova / Dreamstime.com;
Schokolade: © Yong hian Lim/Dreamstime.com; Notebook: Stark Verlag
S. 38: Geldbeutel: Stark Verlag
S. 39: Geld: Stark Verlag
S. 40: Lolli: © membio / colourbox.de
S. 41: Hüpfender Junge: © Dmitriy Shironosov / 123RF; Mädchen mit Zahnbürste: © Tudor Photography / Pearson Education Ltd; Mädchen mit Spaghetti: © Noam Armonn / Shutterstock; Kalender: © Martin Konz / 123RF; Schlafendes Mädchen: © ehrenberg-bilder – Fotolia.com
S. 43: Blaue Armbanduhr: © Viachaslau Bondarau/Dreamstime.com
S. 46: Hand: © Kasiap / Shutterstock; Finger: © bloomua / Shutterstock; Gelbes Auto: © pzaxe / 123RF; Fußballfeld: © Thomas Pajot / Shutterstock; Faden: © mama_mia / Shutterstock; Weg: © Master3D / Shutterstock
S. 51: Mann: © Sireonio / Dreamstime.com; Roter Saft: © Nitr / Shutterstock; Büroklammern: © Martin Damen / 123RF; Blaues Auto: © gors4730 / 123RF; Schokolade: © Yong hian Lim / Dreamstime.com; Elefant: © Norma Cornes / Shutterstock
S. 54: Küchenwaage: © Ann Murie / Dreamstime.com
S. 56: Flasche Orangensaft: © dinostock – Fotolia.com; Putzeimer: © Africa Studio / Shutterstock; Aquarium: © Brian Kenney / 123RF; Tintenpatrone: © rolve / sxc.hu; Spritze: © arka38 / Shutterstock; Rote Tasse: © Georgii Dolgykh / 123RF
S. 57: Milchkanne: © oriori – Fotolia.com: Tasse Tee: © aleksandra_1981– Fotolia.com; Glas Wasser: © Layland Masuda / Shutterstock; Planschbecken: © Denys Kurylow / 123RF
S. 60: Zahnbürste: © margouillat photo / Shutterstock; Gießkanne: © Birgit Reitz-Hofmann / Dreamstime.com
S. 61: Handtücher: © o2beat / 123RF
S. 76: Obst: © Kokhanchikov / Shutterstock
S. 84: Schere: © Vladvm / Shutterstock
S. 85: Huskys: © John Sfondilias / dreamstime.com
S. 86: Fußball: © Steshkin Yevgeniy / Shutterstock
S. 100: Windmühle: © Jay Simmons / sxc.hu
S. 101: Burg: © Reuschp / Wikimedia (lizenziert unter CC BY-SA 3.0)

www.stark-verlag.de

Inhalt

Rechnen

Rechnen mit Größen

Übertritt in weiterführende Schulen

Lernzielkontrollen

Autor*innen:
Christine Brüning (Rechnen und Rechnen mit Größen);
Georg Kick (Übertritt in weiterführende Schulen);
Monika Seidel (Lernzielkontrollen)

Vorwort

Liebe Eltern,

mit diesem Buch kann Ihr Kind den gesamten Stoff aus dem Mathematik-Unterricht der 4. Klasse üben und wiederholen.

Im ersten Teil „Rechnen" dreht sich alles um den **Zahlenraum bis 1 000 000**. Ihr Kind übt das **Vergleichen und Runden** von Zahlen, das **Plus- und Minusrechnen** sowie das **schriftliche Malnehmen und Teilen**. Der zweite Teil „Rechnen mit Größen" behandelt **Geld**, **Zeitmaße**, **Längen**, **Gewichte**, **Hohlmaße** und **Geschwindigkeit**. Der dritte Teil enthält Aufgaben, mit denen sich Ihr Kind auf den **Übertritt in eine weiterführende Schule** vorbereiten kann. Im vierten Teil „Lernzielkontrollen" bieten **Tests** Ihrem Kind die Möglichkeit zu überprüfen, wie sicher es im Mathe-Stoff der 4. Klasse ist.

Zu allen vier Teilen gibt es farbig hinterlegte **Tippseiten** mit Empfehlungen zum weiterführenden Üben. Blaue **Infokästen** zeigen Rechenwege auf und **Tippzettel** helfen an kniffligen Stellen weiter. Mit **Knobelaufgaben** kann Ihr Kind sein mathematisches Denken schulen, und das herausnehmbare Lösungsheft enthält schülergerechte **Lösungen** zu allen Aufgaben.

Das Lernen mit diesem Buch bereitet besonders viel Freude, wenn Sie Ihr Kind möglichst selbstständig damit arbeiten lassen.

Viel Erfolg wünschen
die Autor*innen

Rechnen – Tipps zum Üben

Im ersten Teil dreht sich alles um das Rechnen im Zahlenraum bis 1 000 000.
Mit abwechslungsreichen Aufgaben kann Ihr Kind das Vergleichen und Runden von Zahlen, das Plus- und Minusrechnen und das Malnehmen und Teilen wiederholen und vertiefen. Die folgenden Tipps liefern Ihnen Ideen, wie das Anwenden und Üben des Gelernten im Alltag Spaß machen kann.

Zahlen bis 1 000 000

- Kindern fällt es oft schwer, sich Zahlen in der Größenordnung bis 1 000 000 vorzustellen, da sie keine Verknüpfungen zu ihrem Alltag herstellen können. Deshalb ist es wichtig, dass Sie mit Ihrem Kind nach Veranschaulichungen suchen. Ein gängiger Computerbildschirm besteht z. B. aus etwa 1 000 000 Pixel, die man mit einer Lupe erkennen kann.
- Beim Spazierengehen können Sie mit Ihrem Kind die Umgebung erkunden: Wie viele Ameisen wohnen in einem Haufen? Wie viele Blätter hat der Baum? Aus wie vielen Ziegeln besteht das Dach? Lassen Sie Ihr Kind zum Abschätzen der Gesamtmenge jeweils einen kleinen Teil zählen und dann überlegen, wie oft dieser vertreten ist.
- Eine Vorstellung von der Größe der Zahl bekommt Ihr Kind zudem, wenn Sie ihm erklären, dass man einen Monat lang weder schlafen noch essen oder trinken darf, falls man durchgehend bis 1 000 000 zählen möchte. Es ist also unmöglich, das zu tun.

Plus- und Minusrechnen

- Schauen Sie „Wer wird Millionär?“ mit Ihrem Kind. Überlegen Sie dabei gemeinsam, wie viel Geld der Kandidat oder die Kandidatin bei der richtigen Beantwortung der nächsten Frage dazugewinnt und wie viel er oder sie bei einer falschen Antwort verliert.
- Werden Sie und Ihr Kind selbst Kandidat*innen bei „Wer wird Millionär?“, indem Sie das Gesellschaftsspiels miteinander spielen oder die Trainings-App nutzen. Dabei motiviert die Aussicht auf den Gewinn des Spiels Ihr Kind zum Addieren und Subtrahieren im Zahlenraum bis 1 000 000.
- Grundsätzlich verbessern Mathe- und Logikrätsel (z. B. Sudokus) die Denkleistung und tragen damit zum mathematischen Verständnis bei.

Zahlen bis 1 000 000

Die Kinder der Klasse 4 b der Sonnenschein-Schule staunen immer wieder über die großen Zahlen bis 1 000 000. Oft fällt es ihnen noch schwer, sich die Zahlen vorzustellen. Daher haben sie für einen Zahlenmarathon verschiedene Stationen in der Klasse aufgebaut, an denen sie die Zahlen kennenlernen.

1 Station 1: Schreibe zu den Zahlbildern die Ziffern in die Stellenwerttafel.

In der **Stellenwerttafel** wird eingetragen, wie viele Millionen (M), Hunderttausender (HT), Zehntausender (ZT), Tausender (T), Hunderter (H), Zehner (Z) und Einer (E) eine Zahl hat.

a 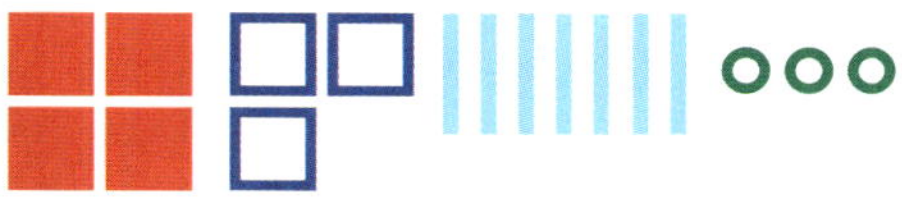

T	H	Z	E

b 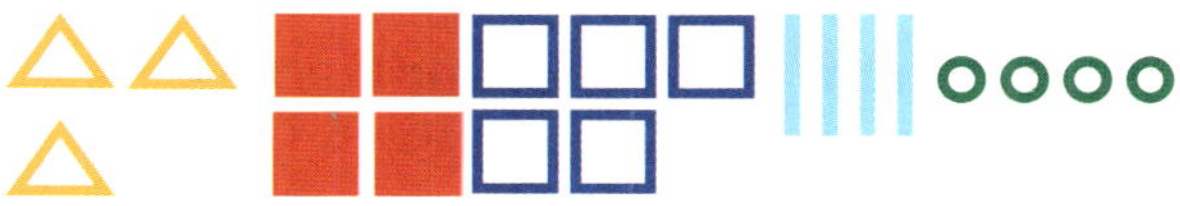

ZT	T	H	Z	E

c 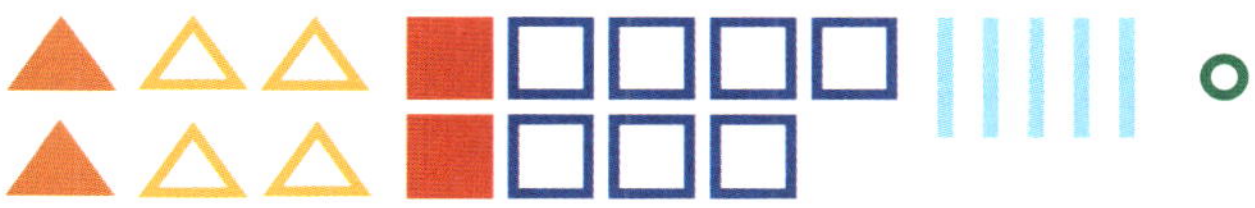

HT	ZT	T	H	Z	E

d 

M	HT	ZT	T	H	Z	E

2 Station 2: Die Kinder der 4 b haben sich ein Spiel ausgedacht. Ein Kind nennt eine Zahl und das andere schreibt die Zahl in die Tabelle.

Trage die geschriebenen Zahlen in die Stellenwerttafel ein. Du hast es leichter, weil du die Zahl mehrfach lesen kannst!

Lies die Zahlen und trage sie mit den entsprechenden Ziffern in die Tabelle ein!

Tipp! Mache in langen Wörtern **Trennstriche**.

a Fünfmillionendreihundertfünfundvierzigtausendachthundertzwei

b Dreimillionenachthundertsiebenundzwanzigtausendvierhunderteinundzwanzig

c Einemillionsechshundertvierundachtzigtausendzweihundertvierundfünfzig

d Achtmillionendreihundertdreiunddreißigtausendneunhundertzehn

e Zweimillionenvierhundertundneuntausendsiebzehn

f Viermillionensechsundsiebzigtausendvierhunderteinundachtzig

g Neunhundertvierundneunzigtausendsiebenhundertvier

h Fünfmillionendreihundertsiebenunddreißigtausendachthundertvierundvierzig

i Siebenhunderttausendneunhundertvierundvierzig

j Achtmillionenzweitausendneun

k Zweimillionenneunhundertviertausenddreiundachtzig

	Million (M)	Hunderttausender (HT)	Zehntausender (ZT)	Tausender (T)	Hunderter (H)	Zehner (Z)	Einer (E)
a							
b							
c							
d							
e							
f							
g							
h							
i							
j							
k							

3 Station 3: Anna und Leon haben sich ein besonderes Kartenspiel ausgedacht.
Sie haben beide die gleichen Karten vor sich:

a Wer die höchste Zahl hat, gewinnt!
Welches ist die höchste Zahl?

____

b Wer die niedrigste Zahl hat, gewinnt!
Welches ist die niedrigste Zahl?

____

c Wer die nächste Zahl an 500 000 hat, gewinnt!
Welche Zahl ist es?

____

Tipp!
Immer drei Stellen gehören zusammen. Lasse danach immer eine kleine Lücke.

4 Station 4: Fülle zum nächsten Tausender in 100er-Schritten auf.

5 000, 5 100, ______________________________ , 5 900, 6 000

7 200, 7 300, ______________________________

6 100, 6 200, ______________________________

9 300, 9 400, ______________________________

5 Station 5: Fülle zum nächsten Tausender in 10er-Schritten auf.

327 900, 327 910, ______________________________ , 328 000

684 930, 684 940, ______________________________

999 920, 999 930, ______________________________

469 950, 469 960, ______________________________

100 000 250 000 500 000 1 000 000

Zahlen vergleichen und runden

Tipp!
Du kannst dir < und > wie ein Krokodilsmaul vorstellen, das immer die größere Zahl frisst.

6 Setze ein: <, > oder =

< bedeutet, dass die linke Zahl kleiner als die rechte ist.
> bedeutet, dass die linke Zahl größer als die rechte ist.
= bedeutet, dass beide Seiten vom Gleichzeichen gleich groß sind.

Beispiel:

5 **<** 7	5 **>** 3	5 **=** 5
5 ist **kleiner als** 7.	5 ist **größer als** 3.	5 ist **gleich** 5.

a

456 128	____	516 892
843 865	____	682 197
399 999	____	400 000
201 102	____	202 001
578 540	____	578 540

b

950 000 – 5	____	900 000
800 000 + 10	____	800 010
650 000 – 1	____	649 999
900 000 + 50	____	900 500
650 000 – 3	____	649 977

7 Schreibe immer die angegebenen Nachbarzahlen auf.

Nachbarzahlen sind die beiden Zahlen, zwischen denen die Zahl in der mittleren Spalte liegt.

Beispiel:
5 382 Nachbartausender: 5 000 und 6 000

a Schreibe die Nachbartausender auf.
Male den Tausender **grün** an, der näher an der Zahl liegt.

9 000	9 465	10 000
	7 278	
	2 041	

	16 765	
	86 159	
	32 204	

b Schreibe die Nachbarzehntausender auf.
Male den Zehntausender **rot** an, der näher an der Zahl liegt.

80 000	87 315	**90 000**
	61 763	
	91 401	

	975 851	
	360 512	
	564 782	

c Schreibe die Nachbarhunderttausender auf.
Male den Hunderttausender **blau** an, der näher an der Zahl liegt.

600 000	645 536	700 000
	138 642	
	805 261	

	206 891	
	487 605	
	961 500	

8 Anna und Leon haben Aufgaben gefunden, bei denen man etwas entdecken kann.

a Ergänze zu Tausend.
Beispiel:
350 + **650** = 1 000

250 + ______ = 1 000
875 + ______ = 1 000
425 + ______ = 1 000
550 + ______ = 1 000
625 + ______ = 1 000
398 + ______ = 1 000

b Ergänze zur Million.
Beispiel:
350 000 + **650 000** = 1 000 000

250 000 + ______ = 1 000 000
875 000 + ______ = 1 000 000
425 000 + ______ = 1 000 000
550 000 + ______ = 1 000 000
625 000 + ______ = 1 000 000
398 000 + ______ = 1 000 000

Tipp!
Überlege genau, wie viel du ergänzen musst, um die vorgegebene Zahl zu erhalten.

Schau dir die ergänzten Zahlen genau an! Was fällt dir auf?

____

9 Ergänze zum nächsten Tausender.
Erkennst du, warum diese Aufgaben zusammengehören?

a
750 + ______ = 1 000
68 750 + ______ = 69 000

b
854 + ______ = 1 000
23 854 + ______ = 24 000

c
368 + ______ = 1 000
43 368 + ______ = 44 000

d
628 + ______ = 1 000
16 628 + ______ = 17 000

e
197 + ______ = 1 000
77 197 + ______ = 78 000

f
282 + ______ = 1 000
85 282 + ______ = 86 000

g
458 + ______ = 1 000
89 458 + ______ = 90 000

h
112 + ______ = 1 000
52 112 + ______ = 53 000

Schau dir die ergänzten Zahlen genau an! Was fällt dir auf?

____

Plus- und Minusrechnen

Im Mathematikunterricht rechnen die Kinder plus und minus.
Die Kinder kennen schon mehrere Wege, wie man rechnen kann.

10 Schreibe die Aufgaben stellengerecht untereinander und rechne schriftlich.

Achte darauf, dass du die Zahlen **stellengerecht untereinanderschreibst**. Vergiss beim Zehnerübergang nicht, dir die **Gemerkt-Zahl (kleine 1)** oder den Gemerkt-Strich aufzuschreiben.

Beispiel:

645 + 282 = schreibe so:

	H	Z	E
	6	4	5
+	2_1	8	2
	9	2	7

645 – 282 = schreibe so:

	H	Z	E
	$6_{\vert}$	4	5
–	2	8	2
	3	6	3

Rechne von oben nach unten:
5 – 2 = 3, 3 an
4 – 8 geht nicht, **eins entbündeln**
14 – 8 = 6, 6 an
5 – 2 = 3, 3 an

a
1 682 + 6 547
2 476 + 6 085
8 364 + 3 697
3 924 + 1 698

b
6 085 + 4 386
3 456 + 4 843
8 349 + 1 364
2 987 + 3 951

c
2 761 – 1 863
7 419 – 1 063
8 359 – 4 666
5 891 – 3 878

d
8 624 – 2 934
6 381 – 2 763
7 357 – 4 683
4 098 – 3 964

11 Starte mit einer Zahl. Zähle zuerst 1 zu der Zahl hinzu, dann zum Ergebnis 10, dann jeweils zum Ergebnis 100, dann 1 000, dann 10 000 und zum Schluss 100 000.

Starte mit …

485 632 ______________________________

284 637 ______________________________

164 164 ______________________________

874 634 ______________________________

Versuche, die Zahl zu finden, die zu 878 878 führt.

____

12 Manche Aufgaben sind sich ähnlich und bilden Aufgabenfamilien.

a Berechne die vorgegebenen Aufgabenfamilien.

4 + 5	= 9
140 + 50	= 190
4 000 + 5 000	= 9 000
4 600 + 5 000	=
400 + 500	=
40 000 + 50 000	=
400 000 + 500 000	=
304 000 + 5 000	=
24 000 + 5 000	=

16 – 9	= 7
1 600 – 900	= 700
160 000 – 90 000	=
8 160 – 90	=
66 000 – 9 000	=
11 600 – 900	=
716 000 – 9 000	=
460 000 – 90 000	=
160 – 90	=

Was fällt dir auf?

____

b Versuche eigene Aufgabenfamilien zu finden.

7 + 2 =	

13 Hier sind Leon Rechenfehler unterlaufen. Kannst du ihm Tipps geben? Schreibe jeweils die richtige Rechnung auf.

a

```
  780
+ 973
 1653
```

Tipp: ______________________________

____

```
 3607
+ 392
 7527
```

Tipp: ______________________________

____

b

```
  975
– 696
  321
```

Tipp: ______________________________

____

```
  975
– 696
  389
```

Tipp: ______________________________

____

14 Mia ist die Tinte im Ranzen ausgelaufen und manche Zahlen kann man nicht lesen. Hilf ihr, die richtigen Ziffern in die Lücken zu schreiben.

```
  _27_      2__4      _042      592_      23__5      77_9_
+ 8_65    + _203    + 92__    + _637    + _392_    + 4_028
 _76_8      957_     _7_79      6__5     _0_375     1_43_1

  8_65      _2_3      9__7     3_475     103_4      _8__6
– 394_    – 482_    – 140_    – _20_1   – _211     – 8_234
  _425      2_80      _674     3744_      1_6_      _822_
```

15 Puh, jetzt wird es komplizierter! Leon liest die Aufgaben vor, die anderen Kinder müssen sie in Rechnungen „übersetzen“ und ausrechnen.

a Zähle 18 376 und 495 403 zusammen und ziehe das Ergebnis von 600 000 ab.

____

b Ziehe von 849 384 die Zahl 284 395 ab und zähle die Zahl 68 394 dazu.

____

Knobelaufgaben

> **Tipp!**
> addieren, Addition = plus rechnen
> subtrahieren, Subtraktion = minus rechnen
> Summe = Ergebnis einer Plusrechnung
> Differenz = Ergebnis einer Minusrechnung

16 An der Knobelwand der 4 b findest du folgende Aufgaben. Versuche sie zu lösen.

a Berechne die Summe der größten ungeraden vierstelligen Zahl und der kleinsten fünfstelligen Zahl.

____

b Subtrahiere von der größten ungeraden sechsstelligen Zahl die Zahl 84 485.

____

c Bilde aus den Ziffern 9, 4, 5, 1, 2 die größtmögliche Zahl und addiere sie zur kleinsten Zahl, die du aus den Ziffern 4, 8, 9, 6 bilden kannst.

____

17 Diese Aufgaben haben sich Leon und Julius für Knobelexperten ausgedacht! Es müssen immer alle Ziffern verwendet werden.

8	1	3	7	4

a Bilde aus den fünf Ziffern zwei Zahlen, die sich in jedem Stellenwert unterscheiden, und addiere sie. Das Ergebnis soll möglichst klein sein.

____

b Bilde aus den fünf Ziffern zwei Zahlen, die sich in jedem Stellenwert unterscheiden, und subtrahiere sie. Das Ergebnis soll das größtmögliche sein.

____

c Bilde aus den fünf Ziffern zwei Zahlen, die sich in jedem Stellenwert unterscheiden, und subtrahiere sie. Das Ergebnis soll das kleinstmögliche sein.

____

d Bilde aus den fünf Ziffern zwei Zahlen, die sich in jedem Stellenwert unterscheiden, und addiere sie. Das Ergebnis soll möglichst nah an 100 000 liegen.

____

e Bilde aus den fünf Ziffern zwei Zahlen, die sich in jedem Stellenwert unterscheiden, und subtrahiere sie. Das Ergebnis soll möglichst nah an 30 000 liegen.

____

Zahlenspiele

Immer wieder begegnen den Kindern der 4 b Aufgaben mit besonderen Zahlen und besonderen Ergebnissen.

18 Anna kann es heute gar nicht erwarten, dass die Schule aufhört. Sie hat nämlich ANNA-Zahlen in der Schule kennengelernt und möchte sie ihrer Mama unbedingt zeigen.

ANNA-Zahlen sind vierstellig, und wie die Buchstaben im Namen Anna sind die erste und die letzte Ziffer sowie die zweite und dritte Ziffer immer gleich.

Beispiele:
1221, 4884, 9669

a Berechne folgende Aufgaben mit **ANNA**-Zahlen.

8 2 2 8	6 1 1 6	5 4 4 5	6 4 4 6	9 7 7 9
− 2 8 8 2	− 1 6 6 1	− 4 5 5 4	− 4 6 6 4	− 7 9 9 7

b Bilde weitere fünf Aufgaben mit ANNA-Zahlen auf einem Notizzettel.

c Bilde eine Aufgabe mit ANNA-Zahlen mit dem Ergebnis …

2 673 ______________________

5 346 ______________________

19 Maria kommt mittags aus der Schule und ist ganz begeistert von den Zahlenspielen. Sie hat das Geheimnis der Eckentauschzahlen entdeckt und erklärt jetzt ihrem Bruder, wie es funktioniert. Sie ist gespannt, ob Florian hinter das Geheimnis kommt.

Eine **Eckentauschzahl** bildest du, indem du bei einer mehrstelligen Zahl die erste und letzte Ziffer – die Eckziffern – vertauschst. Alle anderen Zahlen behalten ihre Stellung. Ziehst du von einer fünfstelligen Zahl ihre Eckentauschzahl ab, kannst du am Ergebnis etwas Besonderes entdecken!

Beispiel:

9 6 2 3 5
− 5 6 2 3 9
3 9 9 9 6

a Suche jetzt acht eigene fünfstellige Zahlen, bilde ihre Eckentauschzahl und ziehe sie voneinander ab.

b Bilde eine Aufgabe mit Eckentauschzahlen mit dem Ergebnis …

69 993 ________________

49 995 ________________

Tipp!
Achte darauf, dass du die kleinere Zahl von der größeren abziehst.

20 Auch Alexander hat eine tolle Aufgabe gefunden. Nachmittags erzählt er Simon, mit dem er zum Skateboardfahren verabredet ist, von seinen **HIPHOP**-Zahlen. **614 694** ist eine **HIPHOP**-Zahl. Auch **704 794** ist eine. Beide rätseln ganz begeistert.

a Schreibe sechs Beispiele für HIPHOP-Zahlen auf.

____

Tipp!
Denke an die **ANNA-Zahlen** und an die Buchstaben.

b Suche zwei HIPHOP-Zahlen, die zusammengezählt wieder eine HIPHOP-Zahl ergeben.

____

21 Anna und Leon haben sich interessante Aufgaben ausgedacht. Dieses Mal sind es Zahlen, die ganz besondere Namen haben, weil sie den Buchstaben in den Namen so ähnlich sind. Wenn man mit diesen Aufgaben rechnet, erhält man ganz besondere Ergebnisse.

a Berechne folgende Aufgaben mit **PAPA**-Zahlen.

8 3 8 3	6 4 6 4	9 1 9 1	5 4 5 4	7 2 7 2
− 3 8 3 8	− 4 6 4 6	− 1 9 1 9	− 4 5 4 5	− 2 7 2 7

b Bilde weitere zehn Aufgaben mit PAPA-Zahlen.

c Bilde eine Aufgabe mit PAPA-Zahlen mit dem Ergebnis …

1 818 ________________

3 636 ________________

22 Findest du eigene Zahlenspiele und Aufgaben dazu?

Malnehmen

Für das Schuljahresende plant die 4 b eine Klassenfahrt mit allen 24 Kindern. Jedes Kind muss zwei Übernachtungen im Gästehaus und das Essen dort bezahlen. Dazu kommt noch die Busfahrt und Taschengeld für einige Ausflüge. Da gibt es ganz schön viel zu rechnen für Frau Reber und die Kinder der 4 b.

23 Hier zum Warmrechnen Tabellen, die du sicher kennst! Fülle alle Lücken.

•		7	6	
2	8		12	
3				15
	32		48	
		63		45

•	2	9		
	6	27		0
8			80	
6				0
		63	70	

24 Annas Vater liest in der Zeitung: „Bei unserem Gewinnspiel können Sie fünfmal 70 000 Euro gewinnen.“ „Wow, die verlosen 350 000 Euro auf einmal – so viel Geld“, staunt Anna. Der Vater schaut sie überrascht an und fragt: „Wie hast du das denn so schnell ausgerechnet?“ Anna antwortet: „Leon und ich haben in Mathe herausgefunden, wie man das ganz schnell ausrechnen kann.“ Wenn du den Trick kennst, kannst du die Aufgaben genauso schnell lösen.

Tipp!
Achte auf die **Nullen** in Aufgabe und Ergebnis.

a

5 · 7 = ______

5 · 70 = ______ 50 · 7 = ______

5 · 700 = ______ 500 · 7 = ______

5 · 7 000 = ______ 5 000 · 7 = ______

5 · 70 000 = ______ 50 000 · 7 = ______

b

6 · 3 = ______

6 · 30 = ______ 60 · 3 = ______

6 · 300 = ______ 600 · 3 = ______

6 · 3 000 = ______ 6 000 · 3 = ______

6 · 30 000 = ______ 60 000 · 3 = ______

Was fällt dir auf?

______

25 In die Rechenhäuser sind befreundete Einmaleinsaufgaben eingezogen.
Auf einer Etage wohnen immer die besten Freunde. Warum sie miteinander befreundet sind, kannst du am Ergebnis im Dach sehen.

Schreibe weitere befreundete Aufgaben in die Etagen.

26 Die Herbstferien stehen vor der Tür und acht Kinder aus der Klasse 4 b fahren gemeinsam ins Ferienlager auf einen Bauernhof. Die Fahrt kostet pro Person 327 Euro. Jetzt wollen Leon und Anna wissen, wie viel die Eltern der acht Kinder zusammen für die Fahrt bezahlen müssen.

Schwierige Malaufgaben teilst du am besten in mehrere leichte Malaufgaben und zählst dann die Ergebnisse zusammen. Deine Rechnungen kannst du als Rechentabelle aufschreiben oder du schreibst sie geordnet untereinander.

Beispiel:
8 · **327** =

Rechentabelle

•	8
300	2 400
20	+ 160
7	+ 56
	= 2 616

8 · 327 = 2 616

geordnet untereinander

8 · **327**	=	2 616
8 · **300**	=	2 400
8 · **20**	=	160
8 · **7**	=	56

Berechne die Aufgaben.

a 6 · 200 = ______ 6 · 250 = ______

6 · 50 = ______ 6 · 54 = ______

6 · 4 = ______ 6 · 204 = ______

6 · 254 = ______

b 4 · 800 = ____________ 4 · 830 = ____________

4 · 30 = ____________ 4 · 34 = ____________

4 · 4 = ____________ 4 · 804 = ____________

4 · 834 = ____________

c 5 · 900 = ____________ 5 · 970 = ____________

5 · 70 = ____________ 5 · 75 = ____________

5 · 5 = ____________ 5 · 905 = ____________

5 · 975 = ____________

d 3 · 600 = ____________ 3 · 680 = ____________

3 · 80 = ____________ 3 · 89 = ____________

3 · 9 = ____________ 3 · 609 = ____________

3 · 689 = ____________

27 Vor den Ferien muss noch viel gerechnet werden.
Rechne auf deinem eigenen Rechenweg.

a 9 · 6 543
2 · 9 257
6 · 7 346
3 · 4 682

b 5 · 2 647
7 · 9 753
4 · 2 678
8 · 3 697

c 6 · 3 215
8 · 1 648
3 · 6 857
4 · 5 632

Tipp!
Denke daran, dass du schwere Malaufgaben in leichtere **Teilaufgaben** aufteilen kannst.

28 Die Aufgabe 26 · 397 lösen die Kinder der 4 b in Rechenkonferenzen.
Anschließend stellen sie folgende Lösungen vor:

Gruppe 1: 397 · 26 = 10 322

•	300	90	7
20	6 000	1 800	140
6	1 800	540	42

7 800 + 2 340 + 182 = 10 322

Gruppe 2: 397 · 26 = 10 322

300 · 20 = 6 000
300 · 6 = 1 800
90 · 20 = 1 800
90 · 6 = 540
7 · 20 = 140
7 · 6 = 42

10 322

Rechne auf deinem eigenen Rechenweg.

a
15 · 365
86 · 574
53 · 924
93 · 439

b
48 · 8 426
37 · 6 312
67 · 3 849
59 · 4 391

c
163 · 641
279 · 718
861 · 2 795
786 · 5 761

Schriftliches Malnehmen

Die Kinder der 4 b haben zusammen für das Klassenzimmer Merkplakate geschrieben, wie sie schwierige Malaufgaben richtig aufschreiben.

Schwierige Malaufgaben kannst du auch schriftlich ausrechnen.

	So sprichst du:	Das schreibst du:
H Z E		
4 3 1 · 2	sprich	
H Z E	$2 \cdot 1 = 2$	schreibe 2
8 6 2	$2 \cdot 3 = 6$	schreibe 6
	$2 \cdot 4 = 8$	schreibe 8

T H Z E	sprich:	
6 3 9 4 · 5	$5 \cdot 4 = 20$; 0 hin, 2 im Sinn	schreibe 0
HT T H Z E	$5 \cdot 9 = 45$; $45 + 2 = 47$; 7 hin, 4 im Sinn	schreibe 7
3 1 9 7 0	$5 \cdot 3 = 15$; $15 + 4 = 19$; 9 hin, 1 im Sinn	schreibe 9
	$5 \cdot 6 = 30$; $30 + 1 = 31$	schreibe 31

29 Rechne!

a) 684 · 3 357 · 7 963 · 5 741 · 9

b) 852 · 2 987 · 4 654 · 6 321 · 8

c) 9513 · 2 7846 · 5 3249 · 8 4677 · 7

d) 5491 · 3 6833 · 7 8966 · 9 3855 · 4

e) 48275 · 4 8424672 · 3 2721092 · 3

30 Hier sind Anna einige Rechenfehler passiert!
Gib ihr Tipps, worauf sie achten muss, und schreibe die richtige Rechnung auf.

6 4 8 · 4	Tipp: ______________________
2 4 6 2	______________________

6 4 8 · 4	Tipp: ______________________
2 4 1 6 3 2	______________________

6 4 8 · 4	Tipp: ______________________
4 8 3 3	______________________

31 Anton und Sophie haben Malaufgaben mit zweistelligen Zahlen gerechnet, ihre Ergebnisse sind gleich, aber die Rechnungen sehen ganz anders aus!

Beim schriftlichen Malnehmen mit zweistelligen Zahlen gibt es verschiedene Schreibweisen. Du kannst dir aussuchen, wie es für dich einfacher ist.

Möglichkeit 1:

6 3 9 4 · 4 5 = 6 3 9 4 · 4 0 + 6 3 9 4 · 5

	2 5 5 7 6 0
+	3 1 9 7 0
	2 8 7 7 3 0

Möglichkeit 2:

		T	H	Z	E			
		6	3	9	4	·	4	5
HT	ZT	T	H	Z	E			
2	5	5	7	6	0			
	3	1	9	7	0			
2	8	7	7	3	0			

sprich:

4 · 4 = 16	6 hin, 1 im Sinn (schreibe 6, merke 1)
4 · 9 = 36; 36 + 1 = 37	7 hin, 3 im Sinn (schreibe 7, merke 3)
4 · 3 = 12; 12 + 3 = 15	5 hin, 1 im Sinn (schreibe 5, merke 1)
4 · 6 = 24; 24 + 1 = 25	schreibe 25
5 · 4 = 20	0 hin, 2 im Sinn (schreibe 0, merke 2)
5 · 9 = 45; 45 + 2 = 47	7 hin, 4 im Sinn (schreibe 7, merke 4)
5 · 3 = 15; 15 + 4 = 19	9 hin, 1 im Sinn (schreibe 9, merke 1)
5 · 6 = 30; 30 + 1 = 31	schreibe 31

Später kannst du die Stellenzeichen (T, H, Z, E) weglassen!

Rechne!

a 9 8 4 · 5 5   6 5 1 · 2 4   3 2 4 · 9 5   7 5 6 · 6 1

b 741 · 82 852 · 37 9632 · 45 2684 · 51

c 1596 · 18 3579 · 29 7538 · 36 6842 · 73

32 Auch hier sind den Kindern der 4 b wieder Rechenfehler passiert!
Kannst du ihnen Tipps geben?

```
648 · 41
 25920
   648
 32400
```

Tipp: ______________________________

```
648 · 41
  2592
   648
  3240
```

Tipp: ______________________________

```
648 · 41
  6480
  2592
  9072
```

Tipp: ______________________________

33 Hier ist Nilay ein Unglück passiert und ihr ist Tinte ausgelaufen.
Kannst du ihr helfen und die fehlenden Ziffern in die Lücken schreiben?

a

```
357 · 9      _63 · 7      _82 · 3
 3_13         6041         17_6
```

b

```
9_8 · 44     821 · _7     287 · 73
 371__       4 _05_       __09_
  3712        574_          8_1
 40_32       _6_97        20_51
```

34 Schreibe die fehlenden Ziffern in die Lücken.

9 □ 9 3 · 2 □ 3	2 □ 3 7 · 9 □ 1	7 4 6 2 · □ □ 7
1 8 9 8 6	2 5 □ 3 3	2 9 8 4 8
0 0 0 0	5 □ □ 4	0 □ 0 □ 0
□ 8 □ 7 9	2 8 3 □	5 □ 2 □ 4
1 □ 2 7 0 □ □	□ □ 1 2 8 □ 7	□ □ 3 7 0 3 4

Knobelaufgaben

Tipp!
multiplizieren, Multiplikation = malnehmen
Produkt = Ergebnis der Malrechnung

35 Während der Freiarbeit haben Maria und Jürgen sich Knobelaufgaben ausgedacht.

a 600 ist das Produkt zweier benachbarter Zahlen. Wie heißen die Zahlen?

b 3 192 ist das Produkt zweier benachbarter Zahlen. Wie heißen die Zahlen?

36 Anna hat in einem Märchen von einem sehr reichen König gelesen. Jetzt möchte sie wissen, wie reich er in Wirklichkeit wäre.
Dieser König hat sein Gold in Beuteln, jeweils acht Goldstücke pro Beutel. Immer neun Beutel sind in einem Sack. Diese Säcke sind in Kisten verpackt, die wiederum in Truhen weggeschlossen sind. In jeder der zwölf Truhen sind immer elf Kisten und in jeder davon zehn Säcke.

Wie reich wäre er, wenn ein Goldstück 14 Euro wert ist?

Teilen

37 Lotta macht am Wochenende mit ihren Eltern einen Ausflug zu einer alten römischen Villa. Römische Villen gab es auch in Deutschland. Meist gehörten sie sehr reichen Römern. In der Villa gibt es sechs berühmte Mosaike, die laut Reiseführer insgesamt aus 240 000 kleinen Steinchen bestehen. Lotta rechnet schnell: „Das sind ja 40 000 Steinchen pro Mosaik!"

Wenn du eine große Zahl mit glatten Tausendern, Hundertern oder Zehnern teilen sollst, denke dir einfach die Nullen weg und teile dann. Im Ergebnis musst du dann genauso viele Nullen, wie du dir weggedacht hast, wieder anhängen.

Beispiel:

16 000 : 4 = ich denke mir die drei Nullen weg

16 : 4 = 4

16 000 : 4 = 4 000 jetzt hänge ich die drei Nullen wieder an die 4

Rechne!

24 : 6 = ____	81 : 9 = ____	63 : 7 = ____
240 : 6 = ____	810 : 9 = ____	630 : 7 = ____
2 400 : 6 = ____	8 100 : 9 = ____	6 300 : 7 = ____
24 000 : 6 = ____	81 000 : 9 = ____	63 000 : 7 = ____
240 000 : 6 = ____	810 000 : 9 = ____	630 000 : 7 = ____

38 Beginne immer mit einer leichten Aufgabe und schreibe sie unter die Aufgabe.

a

20 000 : 4 = ____	8 100 : 9 = ____	180 000 : 2 = ____
35 000 : 5 = ____	4 000 : 8 = ____	420 000 : 7 = ____
32 000 : 8 = ____	2 700 : 3 = ____	480 000 : 6 = ____
72 000 : 8 = ____	1 500 : 3 = ____	540 000 : 9 = ____
44 000 : 4 = ____	2 400 : 6 = ____	720 000 : 8 = ____

b 270 000 : 9 = ______	49 000 : 7 = ______	6 400 : 8 = ______
200 000 : 4 = ______	18 000 : 6 = ______	2 400 : 3 = ______
140 000 : 2 = ______	56 000 : 8 = ______	6 300 : 7 = ______
400 000 : 5 = ______	45 000 : 9 = ______	4 800 : 8 = ______

39 Jule und Mattis haben sich in der Freiarbeitsphase schwere Aufgaben gesucht, bei denen man gut aufpassen muss.

Zerlege eine schwere Geteiltaufgabe in mehrere leichte Aufgaben – am besten mit glatten Tausendern, Hundertern oder Zehnern –, die du leicht und ohne Rest teilen kannst. Die Ergebnisse der Rechnungen musst du dann nur noch zusammenzählen.

Beispiel:

81 081 : 9 =	
81 000 : 9 = 9 000	81 000 ist eine Zahl mit glatten Tausendern, die gut teilbar ist
81 : 9 = 9	jetzt bleiben noch 81 übrig, die ich durch 9 teilen muss
81 081 : 9 = 9 009	jetzt muss ich die Ergebnisse 9 000 und 9 zusammenzählen

Rechne!

a 30 : 3 = ______	60 : 4 = ______	70 : 5 = ______
300 : 3 = ______	400 : 4 = ______	500 : 5 = ______
3 000 : 3 = ______	6 000 : 4 = ______	3 000 : 5 = ______
3 330 : 3 = ______	6 460 : 4 = ______	3 570 : 5 = ______
b 480 : 6 = ______	4 : 4 = ______	8 : 8 = ______
6 : 6 = ______	200 : 4 = ______	400 : 8 = ______
4 800 : 6 = ______	1 000 : 4 = ______	6 000 : 8 = ______
4 806 : 6 = ______	1 204 : 4 = ______	6 408 : 8 = ______
c 8: 2 = ______	44 : 4 = ______	8 : 8 = ______
150 : 2 = ______	200 : 4 = ______	640 : 8 = ______
1 500 : 2 = ______	2 000 : 4 = ______	6 440 : 8 = ______
1 508 : 2 = ______	2 244 : 4 = ______	7 088 : 8 = ______

40 Die Klasse 4 b hat bei einem Geschichtenwettbewerb mitgemacht und 55 Eintrittskarten für ein Puppentheater gewonnen. Die Kinder haben ausgerechnet, dass jeder der 24 Schüler zwei Karten bekommt und dann noch sieben Karten übrig bleiben. Diese wollen sie als Preise für die besten Kinder beim Sportfest und beim Mathematikwettbewerb stiften.

Es gibt Zahlen, die kann man nicht glatt durch andere teilen – es bleibt dann ein **Rest**. Du musst überlegen, wie oft die Zahl in die andere hineinpasst. Das, was dann übrig bleibt, nennen wir Rest.

Beispiel:
55 : 24 = 2 **Rest** 7 oder kürzer 2 **R** 7

Rechne!

24 000 : 5 000 = ______

45 000 : 6 000 = ______

48 000 : 9 000 = ______

39 000 : 4 000 = ______

32 000 : 7 000 = ______

63 000 : 8 000 = ______

160 000 : 30 000 = ______

750 000 : 20 000 = ______

560 000 : 90 000 = ______

960 000 : 50 000 = ______

720 000 : 50 000 = ______

480 000 : 70 000 = ______

41 Setze jeweils an die letzte Stelle eine Ziffer, sodass du die Aufgabe ohne Rest rechnen kannst und berechne das Ergebnis.

a 8 65__ : 2 = ______ 6 23__ : 4 = ______ 4 92__ : 2 = ______

3 48__ : 2 = ______ 1 88__ : 4 = ______ 7 34__ : 4 = ______

b 2 67__ : 5 = ______ 6 84__ : 2 = ______ 9 65__ : 5 = ______

5 68__ : 5 = ______ 7 62__ : 2 = ______ 5 67__ : 4 = ______

c 12 70__ : 5 = ______ 28 95__ : 2 = ______ 10 69__ : 4 = ______

44 58__ : 5 = ______ 67 42__ : 2 = ______ 30 19__ : 4 = ______

42 Rechne! Die leichten Aufgaben mit glatten Tausendern, Hundertern und Zehnern helfen dir, die Aufgaben zu lösen.

a

6 000 : 6 = ____
420 : 6 = ____
360 : 6 = ____
54 : 6 = ____

6 420 : 6 = ____
6 360 : 6 = ____
6 780 : 6 = ____
6 054 : 6 = ____
6 474 : 6 = ____

b

4 000 : 2 = ____
240 : 2 = ____
180 : 2 = ____
48 : 2 = ____

4 240 : 2 = ____
4 180 : 2 = ____
4 420 : 2 = ____
4 048 : 2 = ____
4 228 : 2 = ____

c

4 800 : 8 = ____
640 : 8 = ____
320 : 8 = ____
72 : 8 = ____

5 440 : 8 = ____
5 120 : 8 = ____
5 560 : 8 = ____
4 872 : 8 = ____
5 512 : 8 = ____

43 Löse die Aufgaben.

a

8 000 : 8 = ____
8 024 : 8 = ____
7 992 : 8 = ____

5 000 : 5 = ____
5 125 : 5 = ____
4 880 : 5 = ____

42 000 : 7 = ____
42 749 : 7 = ____
41 650 : 7 = ____

b

32 000 : 4 = ____
31 860 : 4 = ____
32 644 : 4 = ____

1 500 : 3 = ____
1 386 : 3 = ____
1 539 : 3 = ____

54 000 : 9 = ____
54 639 : 9 = ____
52 200 : 9 = ____

c

63 000 : 7 = ____
63 777 : 7 = ____
62 454 : 7 = ____

4 500 : 5 = ____
4 525 : 5 = ____
4 445 : 5 = ____

12 000 : 2 = ____
12 648 : 2 = ____
11 738 : 2 = ____

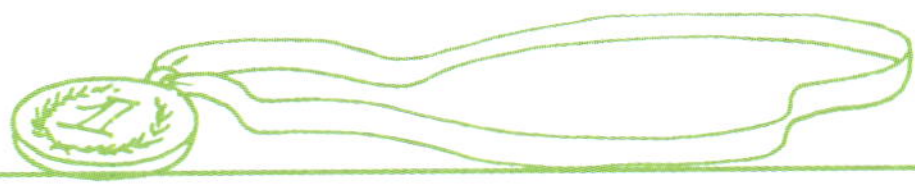

Schriftliches Teilen

44 Für ein Sachunterrichtsprojekt begleiten die Kinder der 4 b einen Tag lang ihre Eltern zur Arbeit. Leons Vater ist Ingenieur und überwacht momentan vier Baustellen. Zusammen sehen sie auf einer Baustelle nach dem Rechten. Heute muss Leons Vater ausrechnen, wie viel Zement zu den einzelnen Baustellen gefahren werden soll. „Ausgerechnet heute habe ich keinen Taschenrechner hier. Wie soll ich denn 7 388 : 4 im Kopf ausrechnen?“, brummt er. Leon zeigt ihm, wie er das in der Schule gelernt hat.

So schreibst und sprichst du beim **schriftlichen Teilen:**

```
  T H Z E           T H Z E
  7 3 8 8  :  4  =  1 8 4 7
– 4
  3 3
– 3 2
    1 8
  – 1 6
      2 8
    – 2 8
      0 0
```

sprich:	schreibe:
7 : 4; passt 1-mal rein 1 · 4 = 4; 7 – 4 = 3	1 4; Strich 3
hole 3 runter 33 : 4; passt 8-mal rein 8 · 4 = 32; 33 – 32 = 1	 8 32; Strich 1
hole 8 runter 18 : 4; passt 4-mal rein 4 · 4 = 16; 18 – 16 = 2	 4 16; Strich 2
hole 8 runter 28 : 4; passt 7-mal rein 7 · 4 = 28; 28 – 28 = 0	 7 28; Strich 0

Berechne die folgenden Aufgaben und setze sie um eine Aufgabe fort.

a

108 : 9 =

1107 : 9 =

11106 : 9 =

111105 : 9 =

b

21 : 3 =

201 : 3 =

2001 : 3 =

20001 : 3 =

45 Bei ihrer Mutter in der Stadtverwaltung findet Kathrin eine interessante Tabelle. Hier steht, wie viele Menschen in den letzten fünf Jahren in der Stadt wohnten.

Jahr Bevölkerungszahl

Kathrin möchte gerne den Durchschnitt der Bevölkerungszahlen der Stadt ausrechnen. „Dazu musst du alle Bevölkerungszahlen zusammenzählen und das Ergebnis dann durch 5 teilen", erklärt ihre Mutter. Kathrin denkt eine Weile nach und sagt dann: „Ich glaube, ich kenne das Ergebnis schon! Aber lass uns lieber rechnen, ganz sicher bin ich mir nicht! Hinterher können wir sehen, ob ich recht hatte."

a Suche dir fünf aufeinanderfolgende fünfstellige Zahlen und zähle sie zusammen. Teile diese dann durch 5. Rechne so fünf Aufgaben. Vielleicht gelingt es dir wie Kathrin, das Ergebnis vorherzusagen, und du rechnest nur noch, um zu kontrollieren, ob du wirklich richtig liegst.

Beispiel:

```
   46823        234125 : 5 =
+  46824
+  46825
+  46826
+  46827
  ------
  234125
```

Was fällt dir auf?

Versuche zu erklären, warum diese Ergebnisse entstehen.

b Funktioniert das auch, wenn der Unterschied zwischen den gesuchten Zahlen 10 ist? Probiere dies mit weiteren fünf Zahlen auf einem Blockblatt.

> **Tipp!**
> dividieren, Division = teilen
> Quotient = Ergebnis der Geteiltrechnung

Knobelaufgaben

46 Christians Mama ist Lehrerin in der 5. Klasse. Im Mathematikunterricht darf Christian den Kindern Knobelaufgaben geben.

6	5	4	2	8

a Bilde aus den Ziffernkarten eine Divisionsaufgabe mit einem möglichst großen Ergebnis. Welches ist das größte mögliche Ergebnis?

b Bilde eine Divisionsaufgabe mit einem möglichst kleinen Ergebnis. Welches ist das kleinste mögliche Ergebnis?

47 Leon kauft im Zoogeschäft eine kleine Wüstenrennmaus, die genau einen Monat alt ist. Der Verkäufer erklärt ihm, dass diese Art von Wüstenrennmäusen im Alter von zwei Monaten fortpflanzungsfähig wird und nach einer Tragezeit von einem Monat zwölf Junge zur Welt bringt.

Wie viele Mäuse wird Leon in einem Jahr haben?

Grundrechenarten miteinander verbinden

48 Heute stehen im Sachunterricht die alten Griechen auf dem Stundenplan.
Leon hat ein kurzes Referat vorbereitet und der Klasse erklärt, dass die Griechen sehr gute Mathematiker waren, die viele Rechenregeln festgelegt haben, die auch jetzt noch gelten.
„Welche denn?“, will Anna wissen.
„Zum Beispiel, dass man Platzhalter für eine unbekannte Zahl einsetzt“, weiß Leon.

Die Linie in Aufgaben wie 160 000 + ________________ = 200 000 nennt man **Platzhalter**.

Überlege bei solchen Aufgaben, wie du die Aufgabe so umstellen kannst, dass der Platzhalter als Ergebnis hinter dem Istgleich-Zeichen steht.
Dabei helfen dir oft die Tausch- und Umkehraufgaben.

Die Klasse 4 b rechnet an der Tafel zuerst ganz ausführlich, dann kürzer:

1)
160 000 + ______ = 200 000
Tauschaufgabe:
______ + 160 000 = 200 000
Umkehraufgabe:
200 000 − 160 000 = ______
200 000 − 160 000 = 40 000

2)
______ − 26 800 = 3 200
Umkehraufgabe:
3 200 + 26 800 = ______
3 200 + 26 800 = 30 000

3)
50 000 − ______ = 25 000
50 000 − 25 000 = ______
50 000 − 25 000 = 25 000

Rechne wie die Kinder der 4 b und schreibe als Aufgabe.

a
125 + ☐ = 250 ________________________

3 500 + ☐ = 10 000 ________________________

6 250 + ☐ = 25 000 ________________________

63 000 + ☐ = 120 000 ________________________

b
☐ – 5 000 = 60 000 ________________________

☐ – 6 300 = 18 700 ________________________

☐ – 45 000 = 205 000 ________________________

☐ – 12 500 = 317 500 ________________________

49 „Das funktioniert natürlich auch bei Mal- und Geteiltaufgaben“, erklärt Frau Reber. Die Klasse 4 b rechnet an der Tafel:

Rechne auch diese Aufgaben wie die Kinder der 4 b.

a
6 · ☐ = 4 200 ________________________

12 · ☐ = 8 400 ________________________

900 · ☐ = 54 000 ________________________

60 · ☐ = 4 800 ________________________

b 72 000 : □ = 8 000 ______

4 000 : □ = 500 ______

25 000 : □ = 50 ______

2 700 : □ = 90 ______

50 Aufgaben mit Platzhalter kann man auch als Aufgaben mit Pfeilen darstellen. Damit alle sich die Regeln für Pfeilaufgaben merken, gestalten Sophie und Olga Merkplakate.

> Um eine Pfeilaufgabe wie diese zu lösen, musst du den Pfeil einfach nur umdrehen und die Umkehraufgabe rechnen.
>
> $\square \xrightarrow{+\,50} 100$ $\quad$ $\square \underset{-\,50}{\overset{+\,50}{\rightleftarrows}} 100$

Berechne so diese Aufgaben.

a $\square \overset{+\,1\,500}{\rightleftarrows} 2\,500$; □ = ______

b $\square \overset{\cdot\,60}{\rightleftarrows} 3\,600$; □ = ______

c $\square \overset{-\,380\,000}{\rightleftarrows} 120\,000$; □ = ______

d $\square \overset{:\,800}{\rightleftarrows} 300$; □ = ______

51 Auch Kettenaufgaben kann man so leicht lösen.

a $\square \overset{\cdot\,4}{\rightleftarrows} \overset{-\,400}{\rightleftarrows} \overset{:\,2}{\rightleftarrows} 800$; □ = ______

b $\square \overset{:\,6}{\rightleftarrows} \overset{+\,40}{\rightleftarrows} \overset{\cdot\,25}{\rightleftarrows} 2\,500$; □ = ______

c $\square \overset{+\,11}{\rightleftarrows} \overset{:\,2}{\rightleftarrows} \overset{\cdot\,8}{\rightleftarrows} 88$; □ = ______

d $\square \overset{\cdot\,4}{\rightleftarrows} \overset{:\,10}{\rightleftarrows} \overset{+\,35}{\rightleftarrows} 45$; □ = ______

52 Anna und Leon streiten sich, wer diese Aufgabe richtig gelöst hat: 120 + 180 : 3 =

Anna hat so gerechnet:	So hat Leon gerechnet:
180 : 3 = 60	120 + 180 = 300
120 + 60 = 180	300 : 3 = 100

Frau Reber erklärt ihnen, dass dieses Problem auch früher schon Mathematikerinnen und Mathematiker hatten und sie sich auf folgende Regel geeinigt haben:

Wenn in einer Rechnung Punktrechnung (· und :) und Strichrechnung (+ und –) zusammen vorkommen, rechnet man immer zuerst die Punktrechnungen.
Merke dir einfach: **Punkt vor Strich**!

Beispiel:
120 + **180 : 3** = 120 + **60** = 180

Beachte die Rechenregel und löse die Aufgaben.

a 350 + **150 : 5** = ____________________

560 : 7 – 20 = ____________________

230 + **640 : 8** = ____________________

500 : 10 – **180 : 6** = ____________________

b 140 · 2 – 80 = ____________________

620 + 40 · 3 = ____________________

550 + 210 : 3 – 400 = ____________________

200 + 800 + 100 : 2 = ____________________

Tipp!
Markiere dir die **Punktaufgaben** farbig.

53 Es gibt eine weitere Rechenregel, die Mathematiker*innen festgelegt haben:

Wenn in einer Rechnung **Klammern** auftauchen, musst du das, was in der Klammer steht, zuerst ausrechnen. Merke dir einfach: **Klammern zuerst**!

Beispiel: 500 – **(250 + 150)** = 100
250 + 150 = 400
500 – **400** = 100

Beachte die Rechenregel und löse die Aufgaben.

a **(200 + 300)** – 170 = ____________________

(430 + 270) – **(320 – 280)** = ____________________

(910 + 90) : 100 = ____________________

900 : **(450 : 5)** = ____________________

b 140 – (2 · 30) = ______________________________

40 + 20 + (310 – 60) = ______________________________

450 – (210 – 70) + 30 = ______________________________

1 000 : (4 · 50) = ______________________________

c 840 – (420 + 120) = ______________________________

(844 – 48) + (628 + 72) = ______________________________

(7 · 30) + 190 = ______________________________

(380 – 60) : 4 = ______________________________

Knobelaufgabe

54 Statt eines Platzhalters setzt Anna bei Zahlenrätseln jetzt ein x ein und löst die Aufgabe als Pfeilaufgabe.

Schreibe bei Zahlenrätseln die einzelnen Rechnungen ohne Zwischenergebnisse als Pfeilaufgabe. Dreh dann die Pfeile um und löse die Umkehraufgaben.

Beispiel:
Ich denke mir eine Zahl x, multipliziere sie mit 3, addiere 39, subtrahiere 10 und dividiere sie durch 5 und erhalte die Zahl 10.

· 3 + 39 – 10 : 5

x

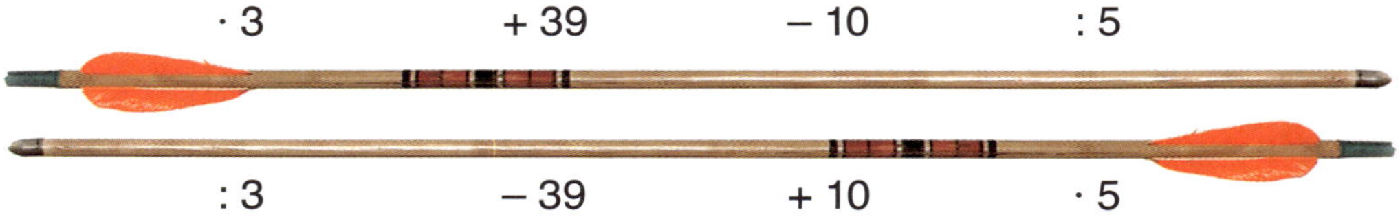

10

: 3 – 39 + 10 · 5

Schreibe als Pfeilaufgabe und berechne.

a Ich denke mir eine Zahl x, subtrahiere 60, dividiere durch 5, verdopple die Zahl, addiere 26 und erhalte die Zahl 50.

____

b Ich denke mir eine Zahl x, multipliziere sie mit 3, subtrahiere 300, dividiere durch 90, addiere 10 mehr als die Zahl, durch die ich dividiert habe, und erhalte die Zahl 200.

____

c Ich denke mir eine Zahl x, addiere 75, dividiere sie durch 5, subtrahiere 2, dividiere durch 11 und erhalte die Zahl 3.

____

Rechnen mit Größen – Tipps zum Üben

Mit den Aufgaben im zweiten Teil kann Ihr Kind das Rechnen mit Größen trainieren. Es wiederholt und vertieft den Umgang mit Geld, Zeitmaßen, Längen, Gewichten, Hohlmaßen und Geschwindigkeiten. Zusätzlich können Sie im Alltag anwendungsbezogen und spielerisch mit Ihrem Kind üben.

Rechnen mit Geld

- Wenn Ihr Kind regelmäßig Taschengeld bekommt, lernt es den Umgang mit Geld. Erhöhen Sie den Betrag mit zunehmendem Alter. Ihr Kind gewinnt dadurch auch an Selbstständigkeit.
- Spielen Sie Gesellschaftsspiele mit Ihrem Kind, bei denen es das Rechnen mit einem größeren Geldbetrag übt, wie beispielsweise Monopoly.

Rechnen mit Zeitmaßen, Längen und Geschwindigkeiten

- Lassen Sie Ihr Kind einen eigenen Terminkalender führen. Es wird dadurch zunehmend sicherer und eigenständiger im Umgang mit der Zeit.
- Sprechen Sie mit Ihrem Kind über Entfernungen, die Sie gemeinsam zurücklegen, oder darüber, wie schnell Sie gerade mit dem Auto fahren. Ihr Kind bekommt dadurch ein Gefühl für diese Größen.

Rechnen mit Gewichten und Hohlmaßen

- Beim Kochen und Backen kann Ihr Kind Ihnen beim Abmessen der Zutaten helfen und die Mengen umrechnen, falls Sie mehr oder weniger zubereiten wollen, als im Rezept angegeben ist.
- Lassen Sie Ihr Kind bei der Einkaufsplanung helfen. Wie viele Flaschen Mineralwasser müssen Sie für das Wochenende kaufen, wenn jedes Familienmitglied 2 Liter am Tag trinkt? Und wie viele Packungen Nudeln benötigen Sie, wenn für jeden 100 g davon vorrätig sein sollen?
- Bei der Planung seiner Geburtstagsfeier kann Ihr Kind nicht nur überlegen, welche Mengen an Essen und Getränken gekauft werden müssen, sondern auch, was die Besorgungen kosten und zu welcher Uhrzeit es seine Freundinnen und Freunde einladen möchte, wenn an dem Tag z. B. noch Zeit für Hausaufgaben bleiben soll.

2,50 m
1,80 m
3,60 m
2,10 m
4,20 m

Rechnen mit Geld

55 Die Sonnenscheinschule plant ein Fest. Die Klasse 4 b möchte einen Verkaufsstand anbieten. Nun müssen die Kinder nicht nur überlegen, was sie verkaufen möchten, sondern auch, wie viel Geld sie für welches Produkt verlangen können. Deshalb üben sie mit Frau Reber das Schätzen von Preisen.
Verbinde die Gegenstände unten mit dem passenden Preis.

- Bezahlt wird in Deutschland mit **Euro** (€) und **Cent** (ct).
  1 Euro (€) = 100 Cent (ct)
- Das **Komma** trennt die ganzen Euro von den Cent. Als Einheit musst du bei der **Kommaschreibweise** immer die größere Einheit (also Euro) verwenden.
  So kannst du einen Geldbetrag aufschreiben:
  Beispiel: 145 Cent = 1 Euro 45 Cent = 1,45 €

2,70 € 500 € 80 € 7,50 € 10 000 € 0,80 €

56 Wahr oder falsch? Kreuze an.

		wahr	falsch
a	Für 5 € kannst du dir ein großes Eis kaufen.	☐	☐
b	Ein neues Auto kostet weniger als ein Computer.	☐	☐
c	Eine Tafel Schokolade ist billiger als ein Buch.	☐	☐
d	Eine neue Jacke kostet im Geschäft weniger als 5 €.	☐	☐
e	Ein Auto kostet doppelt so viel wie ein Buch.	☐	☐

57 Damit nach dem Fest die Kasse stimmt, übt die Klasse 4 b das Rechnen mit Geld. Ergänze immer zu 1 €.

a
75 ct + ________ ct = 1 €
47 ct + ________ ct = 1 €
18 ct + ________ ct = 1 €
63 ct + ________ ct = 1 €

b
0,35 € + ________ € = 1 €
0,21 € + ________ € = 1 €
0,88 € + ________ € = 1 €
0,52 € + ________ € = 1 €

58 Rechne in die angegebene Einheit um.

a
245 ct = ____________ €
360 ct = ____________ €
2 548 ct = ____________ €
2 050 ct = ____________ €

b
5 € = ____________ ct
12,50 € = ____________ ct
3,05 € = ____________ ct
0,38 € = ____________ ct

59 Vergleiche die Geldbeträge und setze ein: <, > oder =

a
63 ct ◯ 85 ct
167 ct ◯ 617 ct
121 ct ◯ 112 ct
586 ct ◯ 685 ct

b
0,18 € ◯ 0,81 €
4,52 € ◯ 5,24 €
3,67 € ◯ 3,76 €
8,31 € ◯ 8,13 €

c
3,54 € ◯ 345 ct
2,25 € ◯ 225 ct
6,54 € ◯ 564 ct
7,89 € ◯ 798 ct

Tipp!
Manchmal musst du umrechnen, bevor du zwei Geldbeträge vergleichen kannst.

60 Rechne und gib den Gesamtpreis in Euro an.

a 150 € + 450 € = ____________________

75 ct + 15 ct = ____________________

85 € + 35 € = ____________________

950 ct + 150 ct = ____________________

b 348 € + 765 € = ____________________

285 € + 1 345 € = ____________________

198 € + 7 215 € = ____________________

26 ct + 399 ct = ____________________

c 4 € 45 ct + 382 ct = ____________________

16 € 78 ct + 428 ct = ____________________

4,50 € + 5 € 45 ct = ____________________

4 € 37 ct + 95 ct = ____________________

d 4,78 € + 3,92 € = ____________________

26,34 € + 249 ct = ____________________

78,09 € + 1 258 ct = ____________________

0,62 € + 12 857 ct = ____________________

61 Schreibe die Beträge in den Spalten auf verschiedene Arten auf.

€ und ct	1 € 50 ct		15 € 45 ct		5 € 9 ct	
€	1,50 €	2,29 €				20,80 €
ct	150 ct			805 ct		

62 Annas und Leons Klasse verkauft auf dem Schulfest Kuchen und Waffeln. Damit nehmen die Kinder 160 € ein. Mit dem Geld wollen sie die Anschaffung neuer Bücher, neuer Computer, neuer Schaukeln und eines neuen Kletterbaums unterstützen. Für jede Anschaffung spendet die Klasse gleich viel Geld.

Wie viel Geld spendet die Klasse für jede Anschaffung?

Für jede Anschaffung spendet die Klasse ______________.

63 Für den Abend hat die Klasse 4 b eine Tombola vorbereitet. Nilay und Anton kauften 25 Lutscher zu je 30 ct, 10 Schreibsets zu je 2,30 € und 10 Eintrittskarten für den Zoo zu je 5 €. Die Hauptpreise, zwei Büchergutscheine im Wert von 25,00 € und 30,00 €, wurden von einer Buchhandlung gespendet.

a Wie viel haben Nilay und Anton ausgegeben?

Sie haben insgesamt ______________ ausgegeben.

b Welchen Gesamtwert haben alle Preise der Tombola zusammen?

Die Preise haben einen Gesamtwert von ______________.

64 Nach dem Fest wollen die Kinder natürlich wissen, wie viel Geld sie eingenommen haben. Sie wollen auch wissen, wie viel davon für die Klassenkasse übrig bleibt, denn sie haben ja vorher eingekauft und Geld ausgegeben. Am Getränkestand waren am Ende des Tages 638 € in der Kasse. Für 373 € wurden die Getränke zuvor gekauft. Am Kuchenstand wurden 442 € eingenommen. Da die Kuchenzutaten gespendet wurden, gab es hier keine Ausgaben. Zusätzlich wurden 108 € gespendet.

Wie viel Geld hat die 4 b an den beiden Ständen für die Klassenkasse eingenommen?

Die 4 b hat ______________ für die Klassenkasse eingenommen.

Rechnen mit Zeitmaßen

65 Natürlich soll es beim Schulfest ein spannendes Programm geben. Dafür haben die Klassen einen Zeitplan aufgestellt. Zuvor haben die Kinder im Unterricht geübt, die Dauer verschiedener Tätigkeiten einzuschätzen. Unten sind auch verschiedene Tätigkeiten dargestellt. Verbinde sie mit der dafür in etwa benötigten Zeit.

Beachte: Bei den **Zeiteinheiten** verändert sich die Umrechnungseinheit.

1 Jahr = 12 Monate   1 Monat = 28/29/30/31 Tage (verschieden)   1 Tag = 24 Stunden
1 Stunde (h) = 60 Minuten (min)   1 Minute (min) = 60 Sekunden (s)

Zeiten kann man auch als Brüche darstellen:

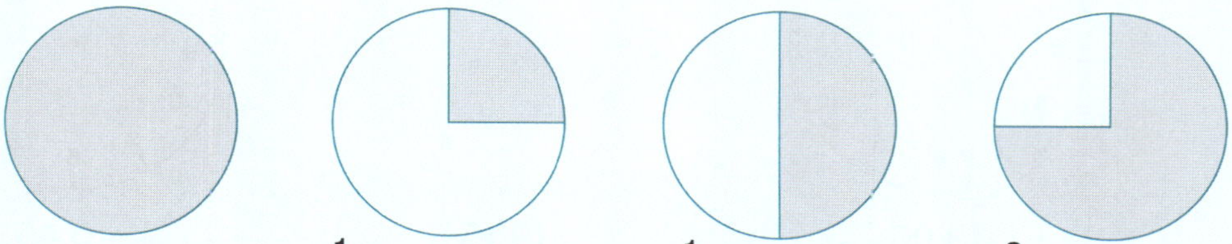

1 h = 60 min $\frac{1}{4}$ h = 15 min $\frac{1}{2}$ h = 30 min $\frac{3}{4}$ h = 45 min

1 s   8 h $\frac{1}{2}$ h   10 Jahre   3 min

66 Zeichne die Zeitpunkte und Zeitspannen in die Uhren ein.

Zeitpunkt und **Zeitspanne (Zeitdauer):**

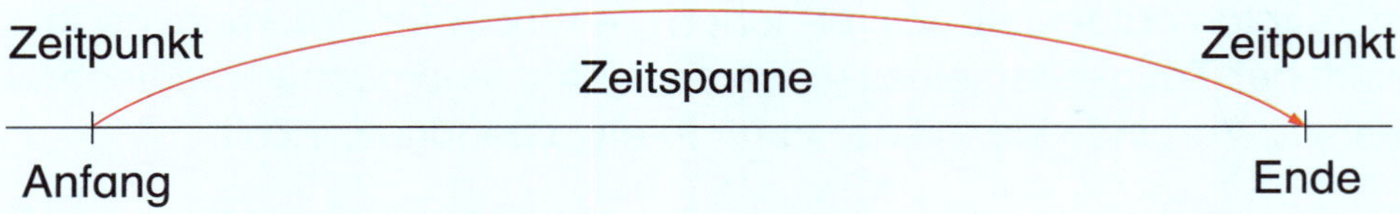

a Was zeigt die Uhr? Zeichne die Zeiger richtig ein.

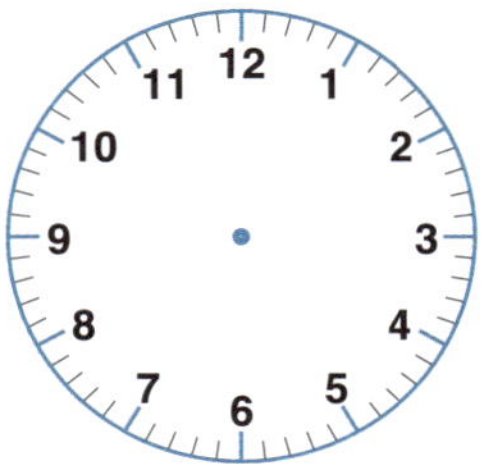
6.30

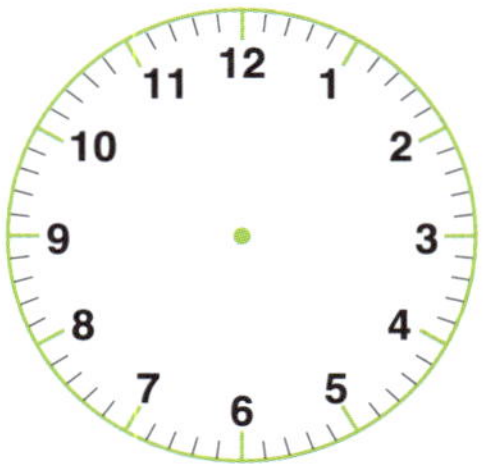
13.00

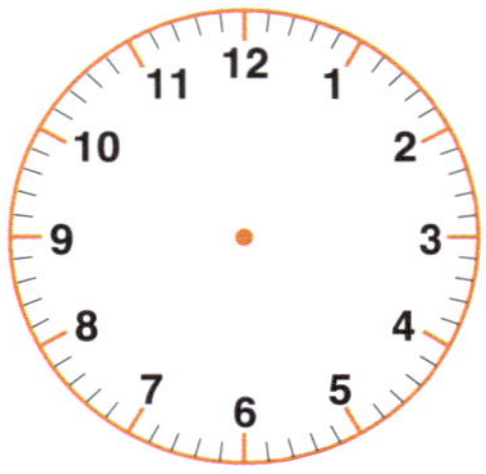
19.15

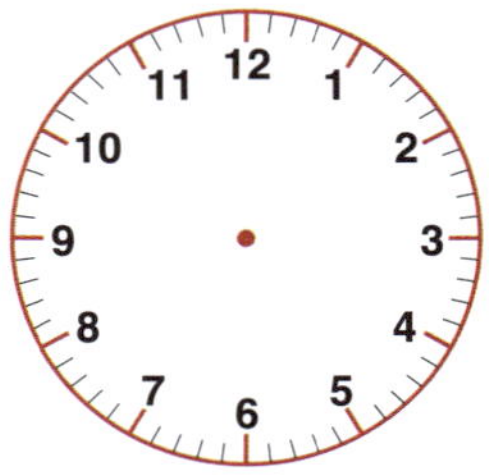
10.45

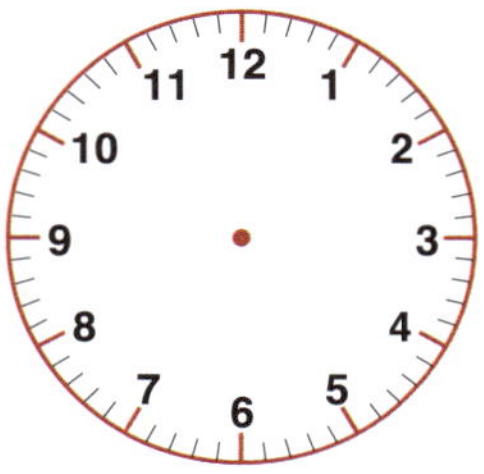
20.30

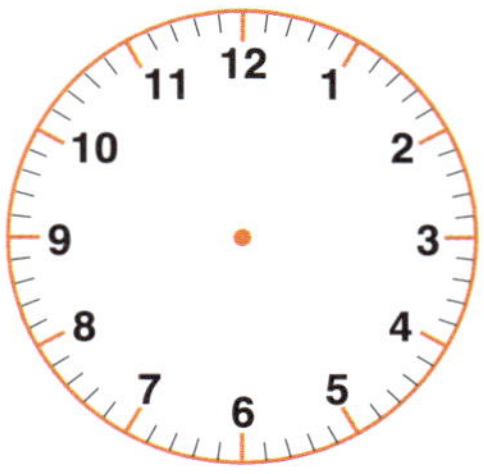
17.25

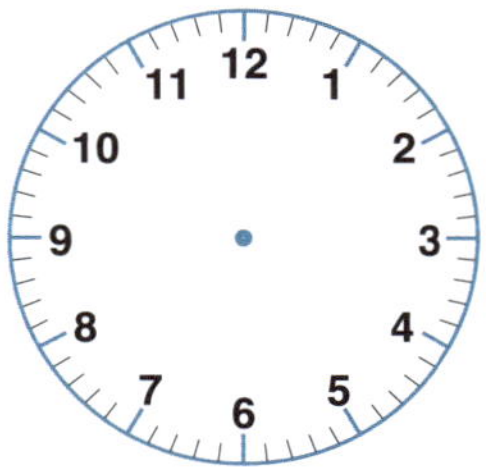
9.33

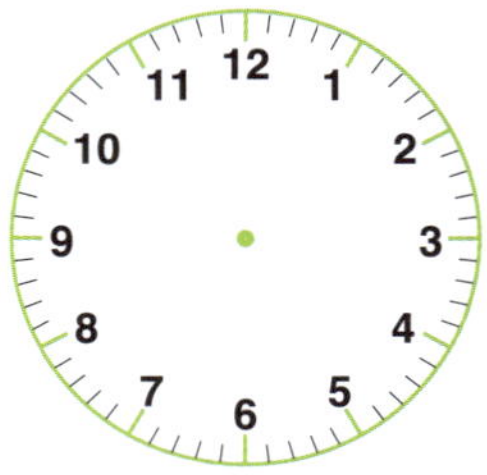
14.57

b Zeichne die Zeitspannen ein (wie im blauen Kasten auf Seite 5). Beginne beim Strich.

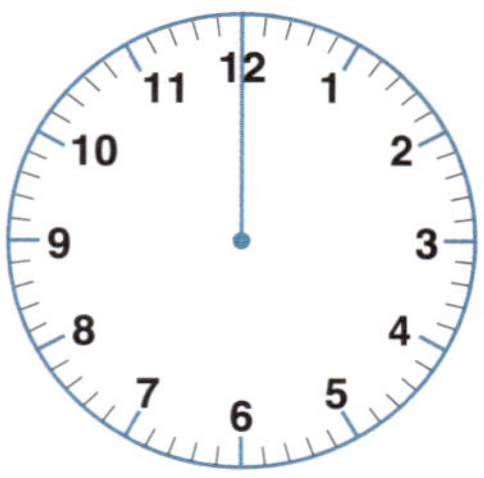
30 min

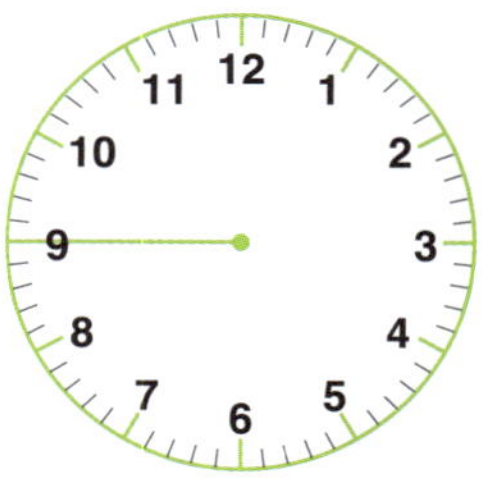
$\frac{1}{4}$ h

1 h

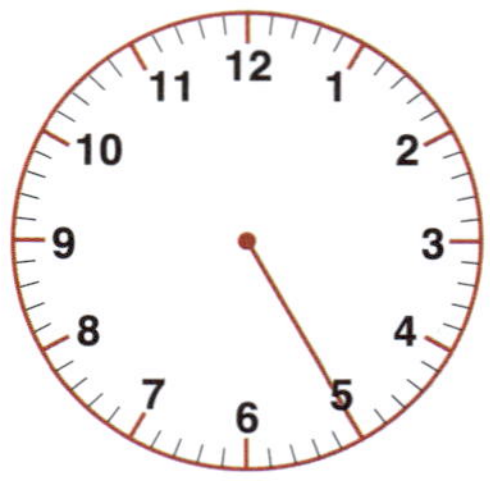
45 min

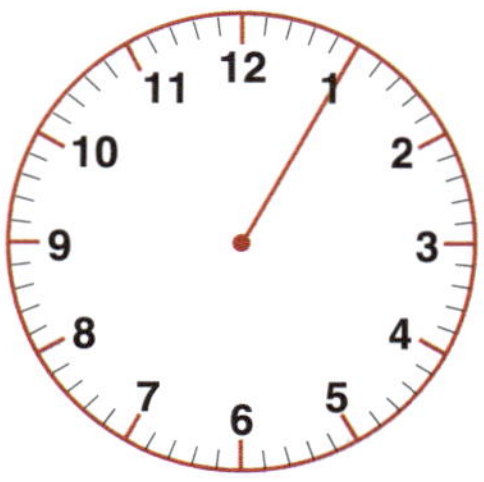
25 min

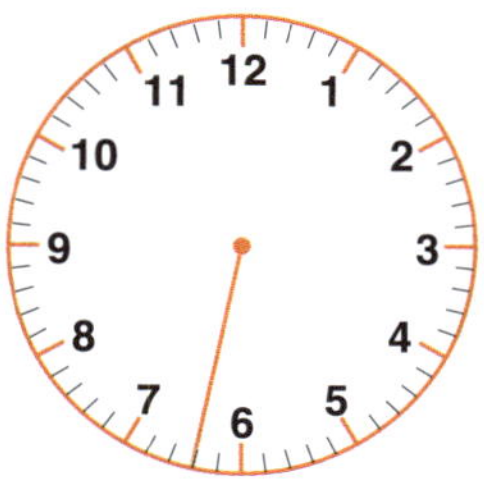
42 min

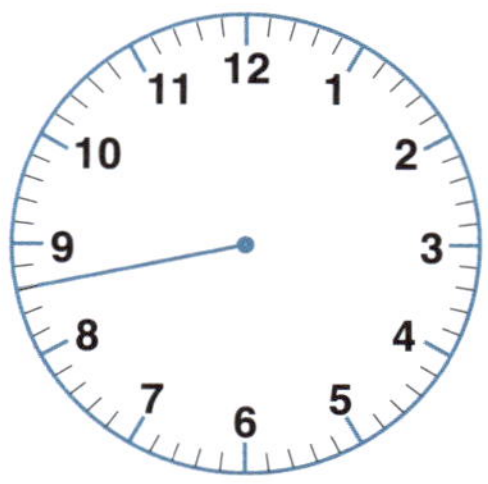
5 min

57 min

67 Rechne in die angegebene Zeiteinheit um.

a
75 min = ______ h ______ min
90 s = ______ min ______ s
120 min = ______ h ______ min
150 min = ______ h ______ min

b
180 s = ______ min ______ s
270 s = ______ min ______ s
212 min = ______ h ______ min
455 s = ______ min ______ s

68 Vergleiche und setze ein: <, > oder =

a
140 s ◯ 2 min 30 s
90 s ◯ 1 min 20 s
300 s ◯ 6 min
182 s ◯ 3 min 10 s

b
125 min ◯ 2 h 5 min
150 min ◯ 2 h 40 min
600 min ◯ 6 h
425 min ◯ 6 h 65 min

69 Berechne die Gesamtzeit.

a
30 min + 20 min = ____________
15 s + 25 s = ____________
19 min + 16 min = ____________
45 s + 12 s = ____________

b
55 min + 120 s = ____________
35 min + 1 h 25 min = ____________
420 s + 1 h 13 min = ____________
56 min + 10 min 35 s = ____________

70 Berechne die fehlenden Angaben und schreibe sie in die Tabelle.

1. Zeitpunkt	Zeitdauer	2. Zeitpunkt
7.25 Uhr	25 min	
10.20 Uhr		10.55 Uhr
	34 min	12.57 Uhr
9.45 Uhr		11.15 Uhr
18.10 Uhr	90 min	
	55 min	20.08 Uhr
14.22 Uhr		17.45 Uhr
16.03 Uhr	180 s	

Tipp!
Wenn du über eine volle Stunde rechnen musst, rechne erst bis zur vollen Stunde und dann weiter.

71 Schau dir den Busfahrplan genau an und bearbeite die Aufgaben dazu.

BUS 620		Montag – Freitag						
Bahnhof (S)	ab	11.29	11.59	12.29	12.59	13.29	13.59	14.29
Obere Hauptstraße		11.33	12.03	12.33	13.03	13.33	14.03	14.33
Berufsschule		11.35	12.05	12.35	13.05	13.35	14.05	14.35
Rotkreuzstraße		11.38	12.08	12.38	13.08	13.38	14.08	14.38
Waldfriedhof		11.41	12.11	12.41	13.11	13.41	14.11	14.41
Steinpark		11.44	12.14	12.44	13.14	13.44	14.14	14.44
Sonnenscheinschule		11.47	12.17	12.47	13.17	13.47	14.17	14.47
Landratsamt		11.50	12.20	12.50	13.20	13.50	14.20	14.50
Untere Hauptstraße		11.53	12.23	12.53	13.23	13.53	14.23	14.53
Marienplatz		11.55	12.25	12.55	13.25	13.55	14.25	14.55
Bahnhof (S)	an	11.59	12.29	12.59	13.29	13.59	14.29	14.59

(S) = S-Bahn-Station mit Busbahnhof

a Annas Tante möchte mit dem Bus zum Schulfest kommen. Sie muss an der Berufsschule einsteigen und möchte kurz vor halb zwei auf dem Fest an der Sonnenscheinschule sein. Welchen Bus sollte sie (spätestens) nehmen?

Sie sollte den Bus um ____________ Uhr nehmen.

b Wie lange ist Annas Tante mit dem Bus unterwegs?

Die Fahrt dauert ____________ Minuten.

c Annas Tante läuft 9 min bis zur Haltestelle an der Berufsschule.
Wann muss sie spätestens von zu Hause losgehen, damit sie den Bus bekommt?

Sie muss spätestens um ____________ Uhr losgehen.

72 Auf dem Schulfest gibt es ein buntes Programm. Lies und rechne.

a Tina und Timo unterhalten das Publikum 75 min lang mit einer Jongliervorstellung. Die Vorstellung beginnt um 12.15 Uhr.

Wann ist die Vorstellung der beiden zu Ende?

Die Vorstellung ist um __________ Uhr zu Ende.

b Carla und Kathrin sehen sich um 14.00 Uhr eine Märchenaufführung an. Kathrin ist um 15.20 Uhr wieder am Getränkestand.

Wie viele Minuten hat die Aufführung in etwa gedauert?

Die Aufführung hat in etwa __________ Minuten gedauert.

73 Auch wenn sich die ganze Klasse auf das Fest freut, so warten doch auch alle Kinder auf die Osterferien. Anna hat schon mal in den Kalender geschaut.

a Anna fährt mit ihrer Familie für 8 Tage in den Urlaub. Sie kommen am Abend des 24. April wieder. Wann sind sie losgefahren?

Sie sind am Morgen des ____________________ losgefahren.

b Nach den Ferien fährt die Klasse 4 b auf Klassenfahrt. Sie fahren am Morgen des 5. Mai los. Wie viele Tage kann Anna zu Hause verbringen, bevor sie auf Klassenfahrt fährt?

Sie kann ______ Tage zu Hause verbringen.

c Die 4 b fährt für 5 Tage auf Klassenfahrt. Das Fest findet am 5. Juni statt. Wie viele Tage hat die 4 b nach der Klassenfahrt für die Vorbereitungen?

Die Klasse hat noch ______ Tage Zeit für die Vorbereitungen.

d Die Einladungen für Eltern und Freund*innen sollten spätestens 10 Tage vor dem Fest fertig sein. An welchem Tag sollten die Einladungen fertig sein?

Die Einladungen sollten spätestens am ______________ fertig sein.

Rechnen mit Längenmaßen

74 Beim Schulfest müssen Tische für den Verkauf aufgestellt werden. Damit der Platz gut genutzt wird, üben die vierten Klassen vorher noch einmal das Rechnen mit Längen. Verbinde die Bilder unten mit den passenden Längen.

- Längen kannst du in **Kilometern** (km), **Metern** (m), **Zentimetern** (cm) und **Millimetern** (mm) angeben.
  1 km = 1 000 m   1 m = 100 cm   1 cm = 10 mm
- Oft werden Längenangaben **mit Komma** geschrieben. Das Komma trennt dann die Maßeinheiten voneinander. Als Einheit musst du bei der Kommaschreibweise immer die größere Maßeinheit verwenden.
  Beispiele:
  1 km 250 m = 1,250 km   1 m 30 cm = 1,30 m   1 cm 2 mm = 1,2 cm
  13 km 50 m = 13,050 km   12 m 1 cm = 12,01 m   13 cm 5 mm = 13,5 cm
- Immer wieder findest du auch Längenangaben in der **Bruchschreibweise**.
  Beispiele:
  500 m = $\frac{1}{2}$ km   50 cm = $\frac{1}{2}$ m   5 mm = $\frac{1}{2}$ cm

1 cm   1 mm   4 m   100 m   10 cm   1 km

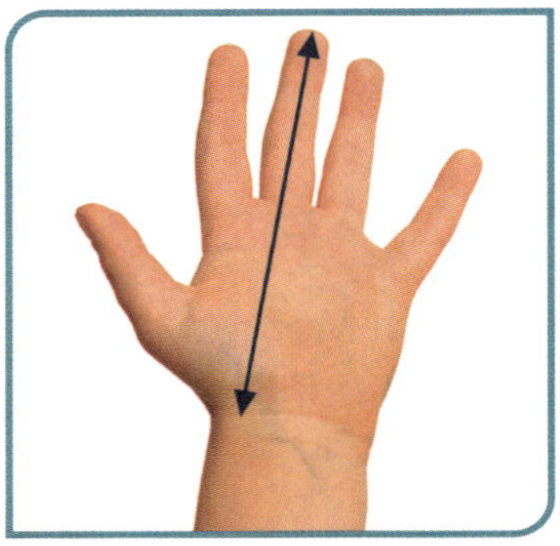

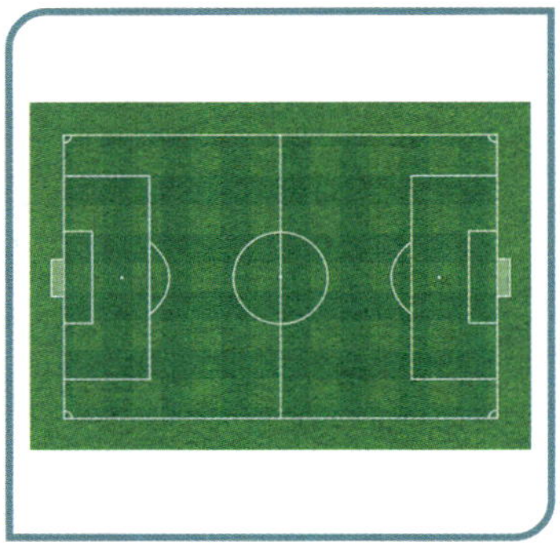
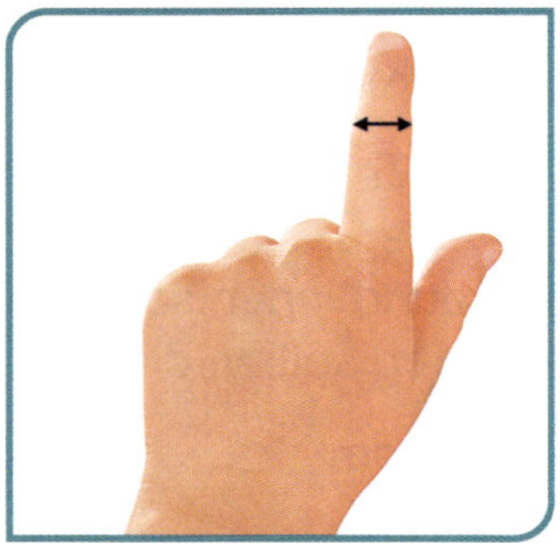

75 Zeichne die folgenden Strecken genau. Benutze ein Lineal und einen spitzen Bleistift.

a 9 mm

b 2 cm 7 mm

c 8 cm 3 mm

d 64 mm

e 4 cm 8 mm

f 12 cm 2 mm

76 Miss die folgenden Strecken mit dem Lineal und gib die Länge in Zentimetern (cm), in Millimetern (mm) und in der Kommaschreibweise an.

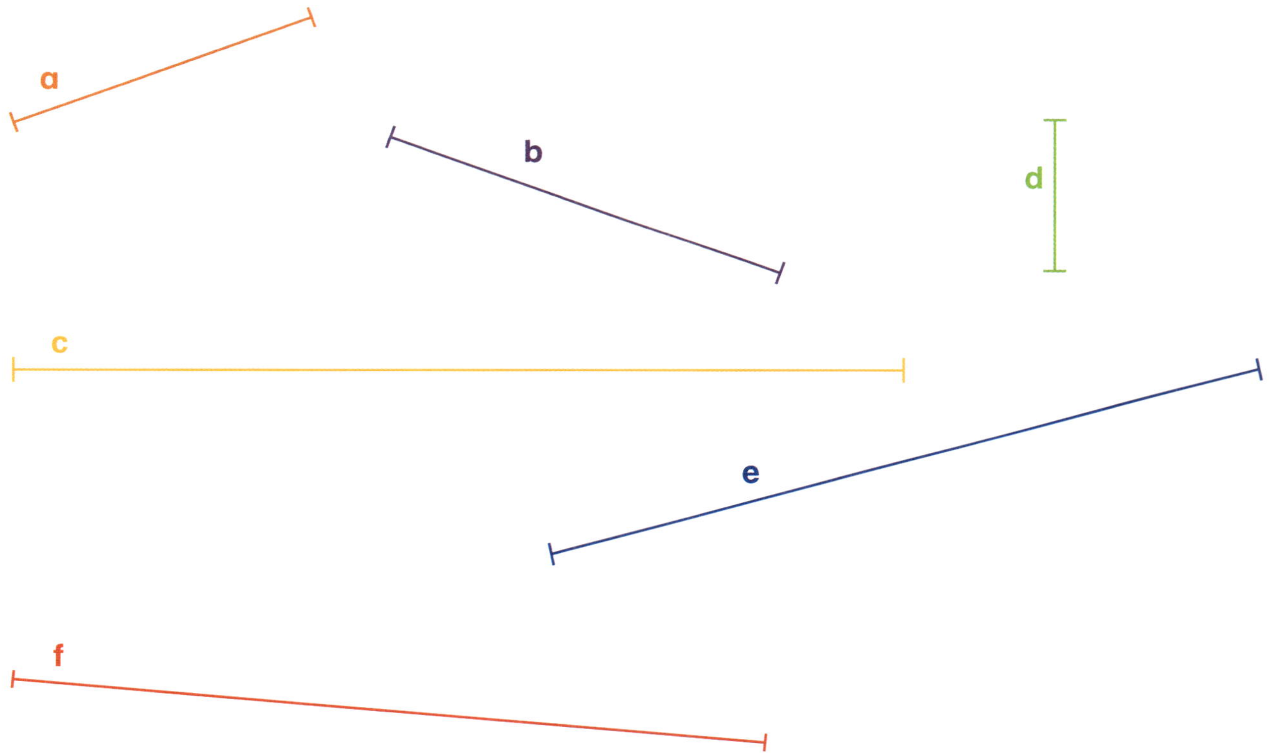

a ______

b ______

c ______

d ______

e ______

f ______

77 Rechne in die angegebene Einheit um.

a
123 cm = ________ m ________ cm
450 cm = ________ m ________ cm
8 600 m = ________ km ________ m
7 200 m = ________ km ________ m

b
10 250 m = ________ km ________ m
2 050 cm = ________ m ________ cm
360 cm = ________ m ________ cm
12 600 m = ________ km ________ m

c
5,750 km = ________________ m
6,35 m = ________________ cm
9,45 m = ________________ cm
1,045 km = ________________ m

d
6,250 km = ________________ m
2,007 km = ________________ m
5,28 m = ________________ cm
0,763 km = ________________ m

78 Vergleiche und setze ein: <, > oder =

a
13 mm ◯ 1,5 cm
28 cm ◯ 28 mm
4,5 cm ◯ 45 mm
5,8 cm ◯ 60 mm

b
245 mm ◯ 24,5 m
4,98 m ◯ 498 cm
1 357 cm ◯ 13,52 m
85 mm ◯ 0,85 m

Tipp!
Manchmal musst du umrechnen, bevor du zwei Längen vergleichen kannst.

79 Berechne die Gesamtlänge. Rechne um, wenn nötig.

a
250 m + 650 m = ________________
85 cm + 5 cm = ________________
35 cm + 35 cm = ________________
450 m + 155 m = ________________

b
180 m + 350 m = ________________
64 m + 1 230 cm = ________________
81 m + 3 150 cm = ________________
26 cm + 280 m = ________________

c
1 km 465 m + 145 m = ________________________________
5 km 270 m + 750 m = ________________________________
2 km 115 m + 565 m = ________________________________
3 km 395 m + 665 m = ________________________________

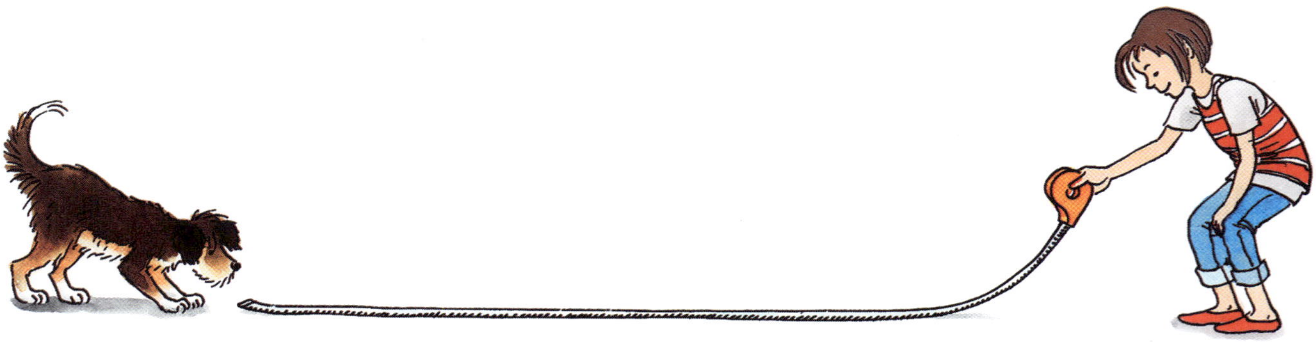

80 Leon und seine Freund*innen möchten für das Schulfest ein Riesen-Mikadospiel basteln. Sie haben fünf verschieden lange Stäbe, die sie zersägen und dann anmalen müssen. Jeder Mikadostab sollte 1,20 m lang sein.

a Wie viele Mikadostäbe können sie aus diesen Stäben sägen?

Aus den Stäben können sie ___________ Mikadostäbe sägen.

b Bei welchem Stab bleibt am meisten übrig? Wie viel?

Bei dem Stab mit der Länge ___________ bleiben ___________ übrig.

c Bei welchem Stab bleibt nichts übrig?

Bei dem Stab mit der Länge ___________ bleibt nichts übrig.

81 Schau dir den Plan des Schulgeländes genau an und bearbeite die Aufgaben unten.

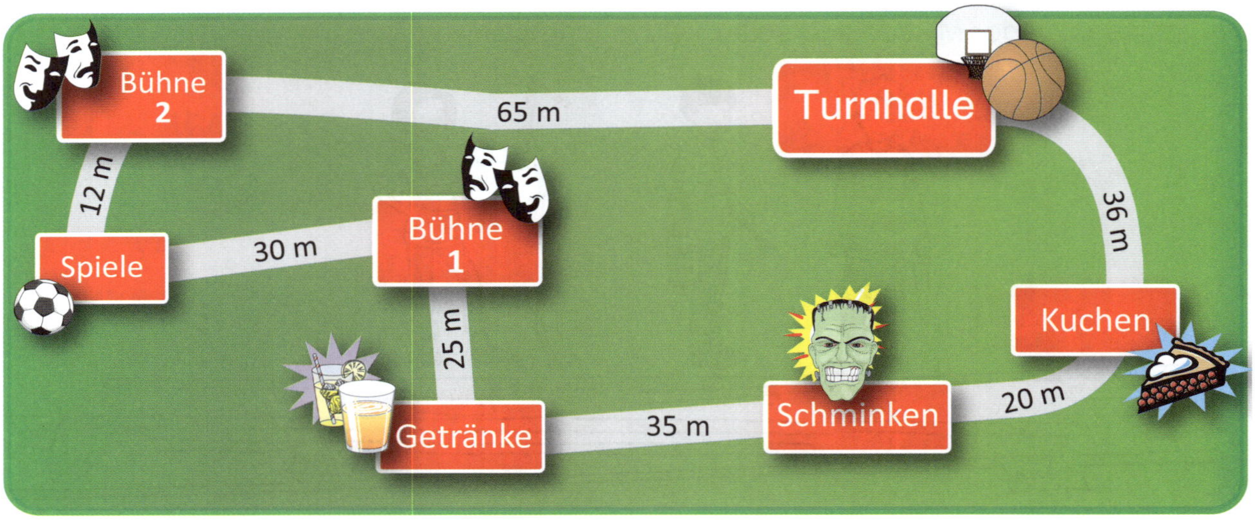

a Sophie geht von der Turnhalle erst zum Kuchenstand und kauft ein Stück Kuchen, am Getränkestand genießt sie einen leckeren Cocktail und dann hat sie einen Auftritt auf Bühne 1. Danach macht sie am Getränkestand mit.

Wie viele Meter ist sie gelaufen?

---

b Leons Oma schaut sich einen Auftritt auf Bühne 2 an. Dann besucht sie Leon in der Turnhalle, bevor sie sich ein Stück Kuchen und ein Getränk kauft.

Wie viele Meter hat sie zurückgelegt?

---

c Annas kleine Cousine lässt sich erst am Schminkstand lustig schminken, bevor sie zum Spielstand geht und mit ihrem Vater Mikado spielt. Dann isst sie ein Stück Kuchen.

Wie weit ist Annas Cousine gelaufen?

Rechnen mit Gewichten

82 Für das Schulfest wollen die Kinder der Sonnenscheinschule auch Kuchen backen. Vorher müssen sie herausfinden, wie viel Mehl, Butter und Zucker sie kaufen müssen. Um die Mengen genau zu bestimmen, üben sie vorher das Rechnen mit Gewichten. Verbinde die Gegenstände unten mit den passenden Gewichten.

- Gewichte werden in **Kilogramm** (kg), **Gramm** (g) und **Tonnen** (t) gemessen.
  1 t = 1 000 kg   1 kg = 1 000 g
- Gewichtsangaben kannst du auch **mit Komma** schreiben. Das Komma trennt dann jeweils zwei Maßeinheiten (zum Beispiel kg und g). Als Einheit musst du bei der Kommaschreibweise immer die größere Maßeinheit verwenden.
  Beispiele:
  1 000 g = 1,0 kg   100 g = 0,1 kg   10 g = 0,01 kg
  1 000 kg = 1,0 t   100 kg = 0,1 t   10 kg = 0,01 t
- Oft werden Gewichte auch als **Brüche** angegeben.
  Beispiele:
  500 g = $\frac{1}{2}$ kg   250 g = $\frac{1}{4}$ kg   750 g = $\frac{3}{4}$ kg
  500 kg = $\frac{1}{2}$ t   250 kg = $\frac{1}{4}$ t   750 kg = $\frac{3}{4}$ t

1 t   100 g   1 kg   60 bis 100 kg   4 t   1 g

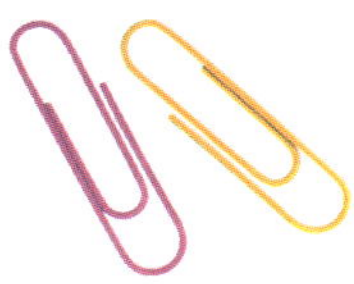

83 Rechne in die angegebenen Einheiten um.

a	2 500 g = ____ kg ____ g	**b**	1,850 t = ________ kg
	1 800 g = ____ kg ____ g		1,250 kg = ________ g
	3 600 kg = ____ t ____ kg		4,500 kg = ________ g
	8 600 kg = ____ t ____ kg		3,750 t = ________ kg

84 Vergleiche die Gewichte und setze ein: <, > oder =

a	170 g ◯ 1,7 kg	**b**	2 450 kg ◯ 24,5 t	**c**	1,25 t ◯ 1 500 kg
	240 g ◯ 240 kg		4,98 t ◯ 4 980 kg		75 t ◯ 0,75 kg
	6,5 kg ◯ 6 500 g		1 357 g ◯ 13,52 g		25 500 kg ◯ 25,5 t
	1 540 g ◯ 1,450 kg		85 kg ◯ 0,85 t		3,25 t ◯ 34 000 kg

85 Ordne die Gewichtsangaben nach der Größe. Beginne mit dem kleinsten Gewicht.

a 1 t 450 kg; 1 500 kg; 1,250 t; 1 t 600 kg ________________

b 5,750 t; 5 800 kg; 5 t 250 kg; 5,5 t ________________

c 0,800 t; 450 kg; 1 250 kg; 1 t 150 kg ________________

d 2,3 kg; 1 950 g; 2 kg 400 g; 2,0 kg ________________

86 Zeichne so viele Gewichte auf die Waage, wie nötig sind, damit Gleichgewicht herrscht. Benutze nur die für die Aufgabe vorgegebenen Gewichte (auf der rechten Seite). Verwende möglichst wenige Gewichte. Einige Gewichte bleiben übrig.

a

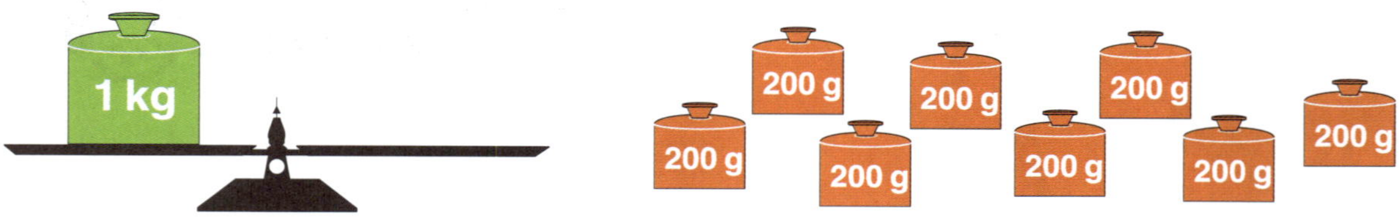

b

c

87 Berechne die fehlenden Angaben in der Tabelle.
Schreibe die Gewichte in Kilogramm (kg) oder Tonnen (t) auf.

Leergewicht: 6,5 t

Ladung: ______

Gesamtgewicht: 10 t

Leergewicht	Ladung	Gesamtgewicht
5 t	3 000 kg	
	4,5 t	10 000 kg
7,5 t		12 t
	5,2 t	9,7 t
6,5 t	2 t 500 kg	
6 t		11,2 t
7 000 kg	4 t	
	5,8 t	13 800 kg

88 Ergänze. Rechne um, wenn nötig.

a
350 g + ______ = 750 g
690 g + ______ = 800 g
320 g + ______ = 500 g
190 g + ______ = 250 g

b
______ + 850 g = 1 kg
______ + 150 g = 500 g
______ + 250 g = 750 g
______ + 500 g = 1,5 kg

89 Berechne das Gesamtgewicht. Rechne um, wenn nötig.

a
250 g + 150 g = ______
470 g + 290 g = ______
630 g + 670 g = ______
840 g + 280 g = ______

b
1 kg + 250 g = ______
1 200 g + 1 kg = ______
500 g + 1,5 kg = ______
1 750 g + 250 g = ______

90 Timo war für das Schulfest einkaufen. Er kaufte 10 Tüten Gummibärchen mit jeweils 800 g, einen Sack Mehl fürs Kuchenbacken mit 12 kg und noch 12 kleine Tüten Gummischlangen zum Verlosen zu je 100 g.

Wie viel Kilogramm Lebensmittel hat er gekauft?

Er hat ____________ Kilogramm Lebensmittel gekauft.

91 Tina hat beim Backen schon 7,5 kg Mehl verbraucht. Insgesamt benötigt sie noch einmal so viel Mehl.

Reicht der Mehlsack mit 12 kg? Wenn nicht: Wie viel Mehl muss sie noch kaufen?

92 Der Anhänger, mit dem die Getränke transportiert werden, darf mit maximal 1,2 t beladen werden. Die bestellten Getränke haben ein Gesamtgewicht von 3 t.

Wie oft muss der Anhänger beladen werden?

Knobelaufgaben

93 Wie viele blaue Kugeln müssen auf die dritte Waage gelegt werden, damit sie im Gleichgewicht ist? Zeichne.

94 Ergänze die fehlenden Gewichte.

■ = 1 kg ● = 200 g ★ = ________ ▲ = ________

95 Wie viele grüne Kugeln müssen auf die dritte Waage gelegt werden, damit sie im Gleichgewicht ist? Zeichne.

96 Ergänze die fehlenden Gewichte.

■ = 500 g ● = 300 g ★ = ________ ▲ = ________

Rechnen mit Hohlmaßen

97 Außer Kuchen soll es beim Schulfest auch leckere Getränke geben. In den Rezepten dafür tauchen immer wieder die Abkürzungen ℓ und mℓ auf. Bevor Anna und Leon die Getränke mixen können, müssen sie lernen, wie man mit den Einheiten Liter (ℓ) und Milliliter (mℓ) umgeht. Überlege, wie viel Flüssigkeit in die dargestellten Gefäße passt, und verbinde richtig.

- Hohlmaße, also Inhalte von Gefäßen, werden in **Litern** (ℓ) und **Millilitern** (mℓ) angegeben: 1 ℓ = 1 000 mℓ
- Mengenangaben kannst du auch mit **Komma** schreiben.
  Das Komma trennt Liter und Milliliter.
  1,0 ℓ sind 1 000 mℓ   0,1 ℓ sind 100 mℓ   0,01 ℓ sind 10 mℓ
  5,0 ℓ sind 5 000 mℓ   0,5 ℓ sind 500 mℓ   0,05 ℓ sind 50 mℓ
- Oft werden Literangaben in der **Bruchschreibweise** aufgeschrieben.
  1 ℓ = 1 000 mℓ $\frac{1}{4}$ ℓ = 250 mℓ $\frac{1}{2}$ ℓ = 500 mℓ $\frac{3}{4}$ ℓ = 750 mℓ

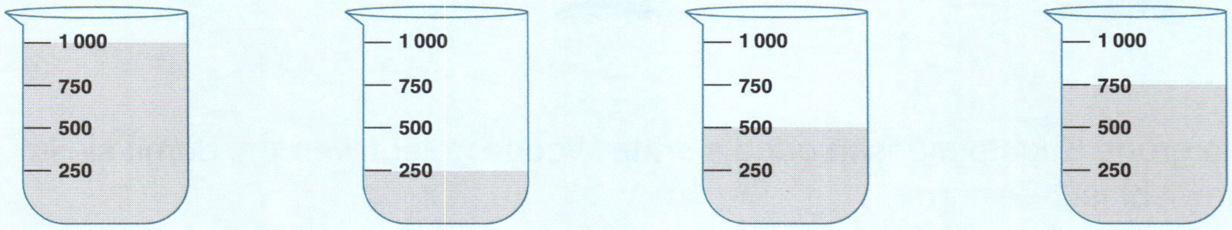

100 ℓ   200 mℓ   1 mℓ   30 ℓ   10 mℓ   1 ℓ

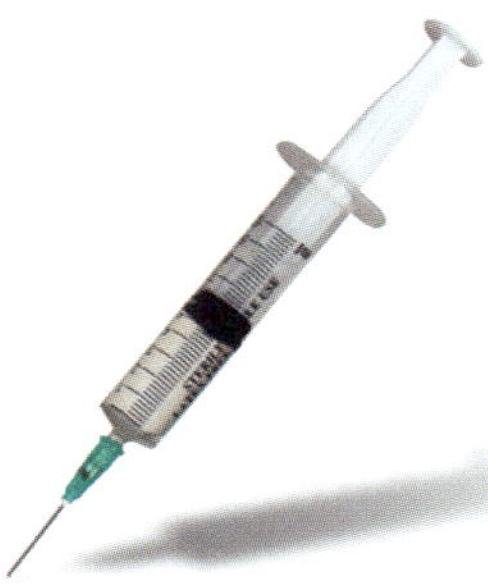

98 Gieße mithilfe der dargestellten Gefäße immer 1 Liter (ℓ) in einen Eimer. Welche Gefäße kannst du benutzen und wie oft musst du sie dann verwenden? Finde drei verschiedene Möglichkeiten. Schreibe die Möglichkeiten wie in dem Beispiel unten auf.

Milchkanne
500 $m\ell$

große Tasse
200 $m\ell$

kleines Glas
100 $m\ell$

Beispiel: 500 $m\ell$ + 200 $m\ell$ + 200 $m\ell$ + 100 $m\ell$ = 1 000 $m\ell$ (= 1 ℓ)

99 Leons Papa möchte ein Planschbecken mit Wasser füllen. In das Becken passen 300 ℓ Wasser. Er hat zwei Eimer. In den einen Eimer passen 10 ℓ und in den anderen 5 ℓ. Für jeden Gang nach draußen füllt Leons Papa beide Eimer.

a Wie oft muss Leons Papa nach draußen gehen, um das Planschbecken zu füllen?

Er muss __________-mal gehen.

b Durch den Wasserschlauch fließen 25 ℓ pro Minute.
Wie lange dauert es, bis das Planschbecken voll ist?

Es dauert ______________________________.

100 Anna mixt beim Schulfest einen Vampirella-Cocktail:

Vampirella-Cocktail

Zutaten: 350 ml Kirschsaft
0,4 ℓ Johannisbeersaft, schwarz
0,5 ℓ Mineralwasser

Gieße alles in eine Kanne und serviere den Cocktail gut gekühlt.

a Wie viel Vampirella-Cocktail ergibt das Rezept?

Das Rezept ergibt ______________ Vampirella-Cocktail.

b In ein Glas passen 250 ml. Wie viele Gläser können nun gefüllt werden?

Es können ________ Gläser gefüllt werden.

c Die Kinder wollen den Vampirella-Cocktail für 50 Gläser herstellen.
Wie oft müssen sie den Cocktail nach dem Rezept herstellen?

Sie müssen den Cocktail ________-mal herstellen.

d Wie viel Kirschsaft, Johannisbeersaft und Mineralwasser brauchen sie für 50 Gläser?

Sie brauchen __________ Kirschsaft, __________ Johannisbeersaft und __________ Mineralwasser.

101 Welche zwei Angaben geben die gleiche Menge Flüssigkeit an?
Male die zusammengehörigen Puzzleteile in der gleichen Farbe aus.

$\frac{3}{4}$ ℓ | 250 mℓ | 750 mℓ | 500 mℓ | 1 ℓ | $\frac{1}{2}$ ℓ | 1 000 mℓ | $\frac{1}{4}$ ℓ

102 Rechne in die angegebenen Maßeinheiten um.

a
1 500 mℓ = ______ ℓ ________ mℓ
2 800 mℓ = ______ ℓ ________ mℓ
4 200 mℓ = ______ ℓ ________ mℓ
2 250 mℓ = ______ ℓ ________ mℓ
3 657 mℓ = ______ ℓ ________ mℓ
7 329 mℓ = ______ ℓ ________ mℓ

b
2,5 ℓ = ________________ mℓ
8,6 ℓ = ________________ mℓ
1,7 ℓ = ________________ mℓ
0,75 ℓ = ________________ mℓ
14,8 ℓ = ________________ mℓ
0,32 ℓ = ________________ mℓ

103 Gib den Inhalt in Milliliter (mℓ) an.

$\frac{1}{2}$ ℓ = 0,5 ℓ = ________________
$\frac{1}{4}$ ℓ = 0,25 ℓ = ________________
$\frac{3}{4}$ ℓ = 0,75 ℓ = ________________

$1\frac{1}{4}$ ℓ = 1,25 ℓ = ________________
$1\frac{1}{2}$ ℓ = 1,5 ℓ = ________________
$1\frac{3}{4}$ ℓ = 1,75 ℓ = ________________

104 Vergleiche und setze ein: <, > oder =

a
0,2 ℓ ◯ $\frac{1}{4}$ ℓ
650 mℓ ◯ $\frac{1}{2}$ ℓ
800 mℓ ◯ 0,8 ℓ
120 mℓ ◯ 12 ℓ
0,5 ℓ ◯ 0,25 ℓ

b
0,33 ℓ ◯ 300 mℓ
$\frac{3}{4}$ ℓ ◯ 700 mℓ
200 mℓ ◯ 0,2 ℓ
500 mℓ ◯ 550 mℓ
250 mℓ ◯ 25 ℓ

105 Ergänze immer zu einem Liter (ℓ).

a 330 mℓ + ______ = 1 ℓ
500 mℓ + ______ = 1 ℓ
750 mℓ + ______ = 1 ℓ

b 125 mℓ + ______ = 1 ℓ
200 mℓ + ______ = 1 ℓ
10 mℓ + ______ = 1 ℓ

c 0,2 ℓ + ______ = 1 ℓ
0,7 ℓ + ______ = 1 ℓ
0,25 ℓ + ______ = 1 ℓ

d 0,5 ℓ + ______ = 1 ℓ
0,75 ℓ + ______ = 1 ℓ
0,4 ℓ + ______ = 1 ℓ

106 Suche dir ein Gefäß, in das genau 1 ℓ Flüssigkeit hineinpasst, und fülle es mit …

a … einem Gefäß, in das 0,2 ℓ hineinpassen. Wie oft musst du es füllen?

______

b … einem Gefäß, in das 0,5 ℓ hineinpassen. Wie oft musst du es füllen?

______

107 Die Kinder der Klasse 4 b haben einiges über ihren täglichen Wasserverbrauch herausgefunden. Natürlich sind das nur ungefähre Angaben.

kochen / trinken	5 ℓ	Haushalt / Wäsche waschen	30 ℓ
Zähne putzen / Hände waschen	10 ℓ	Blumen und Garten	5 ℓ
baden / duschen	35 ℓ	Toilettenspülung	40 ℓ

a Zeichne ein Balkendiagramm zu der Tabelle mit dem Maßstab: 5 ℓ = 2 Kästchen = 1 cm

kochen / trinken

b Wie hoch ist der Wasserverbrauch einer Person an einem Tag?

Eine Person verbraucht am Tag ________________ Wasser.

c Wie hoch ist der Wasserverbrauch einer Person in einer Woche?

Eine Person verbraucht in einer Woche ________________ Wasser.

d Wie hoch ist der Wasserverbrauch einer vierköpfigen Familie am Tag?

Eine vierköpfige Familie verbraucht am Tag ________________ Wasser.

e Wie hoch ist der Wasserverbrauch einer vierköpfigen Familie im Jahr (kein Schaltjahr)?

Eine vierköpfige Familie verbraucht im Jahr

________________ Wasser.

Knobelaufgaben

108 Leons Onkel hat einen großen Garten. Im Sommer stellt er oft den Rasensprenger an. Daraus kommen in einer Stunde 50 ℓ Wasser. Leon schlägt vor, stattdessen eine Gießkanne zu nehmen, in die 5 ℓ Wasser passen.

Wie oft muss Leons Onkel die Gießkanne füllen, um mit 50 ℓ zu gießen?

Leons Onkel muss die Gießkanne __________ füllen.

109 Heute hilft Leon seinem Onkel, die Pflanzen zu gießen. Er nimmt die Gießkanne mit 5 ℓ und sein Onkel die Gießkanne mit 10 ℓ. Sie füllen die Kannen immer gleichzeitig auf. Die eine Hälfte des Gartens gießen sie mit den Gießkannen. Die andere Hälfte wird vom Rasensprenger bearbeitet. Sie wollen, dass beide Gartenhälften gleich viel Wasser bekommen.

Wie lange muss der Rasensprenger laufen und wie oft müssen die beiden ihre Kannen füllen, damit die Pflanzen in den beiden Gartenhälften gleich viel Wasser bekommen?

Der Rasensprenger muss __________ laufen.

Sie müssen die Gießkannen __________ füllen.

Tipp!
Hier gibt es mehrere Möglichkeiten.
Es reicht, wenn du eine Möglichkeit findest.

Rechnen mit Geschwindigkeiten

110 Anna und Leon wollen wissen, wie schnell ein Fußgänger und verschiedene Fahrzeuge unterwegs sind. Dafür müssen sie das Rechnen mit Geschwindigkeiten üben. Lies dir die Informationen im blauen Kasten durch und löse die Aufgaben unten.

- Geschwindigkeiten besagen, **wie viel Strecke in einer bestimmten Zeit** zurückgelegt wird.
- Gemessen werden Geschwindigkeiten in **Metern pro Sekunde** (m/s) oder in **Kilometern pro Stunde** (km/h).

  Beispiele:
  Wenn ein Fahrzeug 100 km/h schnell ist, dann braucht es 1 Stunde, um 100 Kilometer zurückzulegen.
  Wenn jemand 3 m/s schnell ist, dann braucht er 1 Sekunde, um 3 Meter weit zu kommen.

a Rechne und schreibe in die Lücken.

	$\frac{1}{4}$ h	$\frac{1}{2}$ h	1 h	2 h	4 h	5 h
Fußgänger	1 km					
Fahrrad		10 km				
Auto			80 km			
Zug				320 km		
Flugzeug					3 200 km	

b Welche Geschwindigkeit haben der Fußgänger und die verschiedenen Fahrzeuge?

	Geschwindigkeit in km/h
Fußgänger	
Fahrrad	
Auto	
Zug	
Flugzeug	

111 Einige Kinder haben gemessen, wie weit sie in einer Sekunde laufen können. Berechne, wie weit sie in 1 Minute, 10 Minuten, 30 Minuten und in 1 Stunde kommen würden, wenn sie die Geschwindigkeit halten könnten.
Rechne und schreibe in die Tabelle.

Name	1 s	1 min	10 min	30 min	1 h
Julius	3 m				
Maria	2,5 m				
Lotta	3,5 m				
Rati	4 m				
Simon	2 m				

112 Auf dem Schulfest wird ein Eierlauf angeboten. Jedes Kind bekommt einen Löffel und ein Ei und muss versuchen, das Ei möglichst schnell ins Ziel zu bringen. Die Kinder laufen die 50-m-Strecke nacheinander. Bei jedem Kind wird die Zeit gestoppt. Schau in der Tabelle nach, wie lange die Kinder gebraucht haben.

Frage: Wie lange hätten die Kinder für 100 m gebraucht?
Rechne und schreibe in die Tabelle.

Name	Zeit für 50 m	Zeit für 100 m
Leon	30 s	
Hannes	33 s	
Paula	36 s	
Sophie	27 s	
Elias	28,5 s	

113 Bei den Bundesjugendspielen braucht Leon für den 50-m-Sprint 9,6 s.
Usain Bolt brauchte bei seinem Weltrekord für 100 m 9,58 s.
Vergleiche beide Leistungen. Wer war schneller? Was fällt dir auf?

______________________________ war schneller.

Mir ist aufgefallen, dass ____

____.

Vermischte Aufgaben

114 Vervollständige die Sätze, indem du die passende Einheit einsetzt.
Verwende die Abkürzungen.

Ein Paket Mehl wiegt 1 ________.

Ein Tag hat 24 ________.

In eine Milchpackung passt 1 ________ Milch.

Eine Runde zum Laufen im Stadion ist 400 ________ lang.

Eine Tüte Chips wiegt etwa 250 ________.

Eine Schulstunde hat 45 ________.

Ein Geodreieck ist etwa 16 ________ lang.

In ein normales Glas passen etwa 200 ________ Wasser.

Ein Brötchen kostet beim Bäcker etwa 30 ________.

Ein Paar Schuhe kostet etwa 60 ________.

Tipp!
Überlege dir zuerst, aus welchem Größenbereich die Einheit kommt. Wähle dann die passende Einheit aus.

115 Schreibe auf drei verschiedene Arten.

2 km 500 m		0 ℓ 750 mℓ		0 m 25 cm	8 kg 500 g		
	1,5 kg	0,750 ℓ	6,5 h	0,25 m			0,5 ℓ
2 500 m	1 500 g					180 min	

116 Ordne der Größe nach. Beginne mit der kleinsten Größe.

a 50 ct ❀ 15 ct ❀ 0,45 € ❀ 1,50 € ❀ 150 €

____

b $\frac{1}{2}$ h ❀ 35 min ❀ $\frac{3}{4}$ h ❀ 90 min ❀ 15 min

____

c 0,5 m ❀ 75 cm ❀ 1 $\frac{1}{4}$ m ❀ 10 cm ❀ 750 cm

____

d $\frac{1}{2}$ kg ❀ 2 500 g ❀ 0,505 kg ❀ 550 g ❀ $\frac{1}{4}$ kg

____

e 1,5 ℓ ❀ 7 500 mℓ ❀ $\frac{1}{4}$ ℓ ❀ $\frac{3}{4}$ ℓ ❀ 500 mℓ

____

117 Berechne die fehlenden Angaben und schreibe in die Tabelle.

a

1. Zeitpunkt	Zeitdauer	2. Zeitpunkt
7.00 Uhr	6 h 0 min	
7.30 Uhr		14.30 Uhr
16.00 Uhr	1 h 30 min	
	2 h 15 min	20.30 Uhr
21.00 Uhr		21.30 Uhr
22.00 Uhr	8 h 45 min	

b

Leergewicht	Ladung	Gesamtgewicht
1,9 t	700 kg	
3,5 t	1 t 200 kg	
0,9 t		1,8 t
	1,5 t	4,2 t
	0,6 t	1,8 t
7,5 t		9,2 t

c

Anfangsvolumen	zugegebene Flüssigkeit	Endvolumen
1,6 ℓ	4 200 mℓ	
2 800 mℓ		3,2 ℓ
5 500 mℓ		10 ℓ
	1,3 ℓ	8 500 mℓ
10,5 ℓ		15 500 mℓ
20 300 mℓ	19,7 ℓ	

118 Schau dir den Beleg genau an und löse die Aufgaben dazu.

Lebensmittelmarkt
Bahnhofstr. 10
12345 Berlin

Trauben weiß kernlos 500 g	1,35
Orangen-Netz 1 kg	0,75
Äpfel Boskop 1,5 kg	2,75
Birnen Williams 750 g	2,80
Rispentomaten 500 g	1,65
Brokkoli 450 g	0,45
Bio-Karotten 700 g	1,25
Kartoffeln festkochend 2 kg	1,30
Gemüsezwiebeln 300 g	0,80
Champignons Schale 440 g	1,85
SUMME	
Gegeben Bar	20,00
Rückgeld	

04.10.2014 15.23 Uhr
Herzlichen Dank für Ihren Besuch!

a Ein Kilogramm Trauben kostet ______________.

b Die Lebensmittel wurden am ______________ gekauft.

c Das Gemüse wiegt insgesamt ______________.

d Das Obst kostet insgesamt ______________.

e Was ist teurer: 1,5 kg Äpfel oder 1,5 kg Rispentomaten?

______________________________________.

f Was ist teurer: 2 kg Orangen oder 2 kg Kartoffeln?

______________________________________.

g Der Einkauf kostet insgesamt ______________.

h Der Käufer gibt dem Kassierer ______________.

i Der Käufer bekommt ______________ zurück.

Tipp!
Hier musst du zuerst überlegen, was zum Obst und was zum Gemüse gehört.

119 Schau dir den Fahrplan in München an und löse die Aufgaben.

Zeit	Zug	Ziel	Gleis
8:13	RE 59491 🚲	Pasing 8:19 – Weilheim 8:47 – Murnau 9:01 – Garmisch-Partenkirchen 9:24 ⊙ **Mittenwald 9:53**	30
8:16	ICE 882 🍴	Ingolstadt Hbf 8:58 – Nürnberg Hbf 9:30 – Würzburg Hbf 10:27 – Fulda 11:02 – Kassel-Wilhelmshöhe 11:34 – Göttingen 11:54 – Hannover Hbf 12:32 ⊙ Hamburg Hbf 13:54 – **Hamburg-Altona 14:09**	18
8:17	EC 111 🍴 🚲	Rosenheim 8:55 ⊙ Traunstein 9:31 – Freilassing 9:50 – Salzburg Hbf 9:59 – Bischofshofen 10:52 – Bad Gastein 11:41 – Villach Hbf 12:43 – **Klagenfurt Hbf 13:15**	12
8:18	RE 57406 🚲	Pasing 8:26 – Geltendorf 8:48 – Kaufering 8:58 – Buchloe 9:08 ⊙ Mindelheim 9:27 – **Memmingen 9:51**	31
8:24	RE 4062 🚲	Freising 8:47 – Landshut Hbf 9:07 – Dingolfing 9:32 ⊙ Plattling 9:53 – **Passau Hbf 10:39**	24
8:28	ICE 690 🍴	Augsburg Hbf 9:00 – Ulm Hbf 9:49 – Stuttgart Hbf 10:47 – Mannheim Hbf 11:29 – **Frankfurt (M) Hbf 12:08** ⊙ Fulda 13:17 – Kassel-Wilhelmshöhe 13:48 – Göttingen 14:09 – Berlin Hbf 16:33 – Berlin Ostbahnhof 16:44	19

a Welcher Zug hält in Berlin? ______________________

b Der Zug nach Mittenwald hält um 9.01 Uhr in ______________________.

c Der Zug, der um 8.18 Uhr in München losfährt, heißt ______________________.

d Der Zug, der nach Passau fährt, ist __________ min unterwegs.

e Auf Gleis 12 fährt der Zug nach ___________________________ ab.

f Der Zug, der in Buchloe hält, endet in ___________________________.

g In den Zügen ____ kann man Speisen und Getränke kaufen.

h Der Zug RE 4062 braucht von München bis nach Landshut __________ min.

i In welchen Zügen darfst du dein Fahrrad mitnehmen?

____

Übertritt in weiterführende Schulen – Tipps zum Üben

Der dritte Teil hilft Ihrem Kind dabei, die wichtigsten Unterrichtsinhalte der Grundschule im Fach Mathematik zu wiederholen und den Stoff anzuwenden. Die Aufgaben sind genau auf die Anforderungen abgestimmt, die in den Aufnahmeprüfungen weiterführender Schulen an Ihr Kind gestellt werden. Damit kann sich Ihr Kind optimal auf den Übertritt vorbereiten.

Allgemeine Hinweise

- Kommen Sie mit Ihrem Kind rechtzeitig darüber ins Gespräch, wie es nach der Grundschule weitergehen soll. Denken Sie gemeinsam über das Lernen nach und fragen Sie Ihr Kind: Was kannst du gut? Wo bist du besser geworden und was hast du dafür getan? Wie stellst du dir deine schulische Zukunft vor?
- Wenn Sie noch unsicher bezüglich der künftigen Schulart sind: Klären Sie Ihre eigenen Erwartungen. Welche Hoffnungen haben Sie? Was befürchten Sie, wenn Ihr Kind „nur" auf die Hauptschule ginge? Machen Sie sich bewusst, dass Schullaufbahnentscheidungen nicht unumkehrbar sind: Ein Wechsel ist auch später noch möglich.
- Falls Ihr Kind unbedingt aufs Gymnasium will (z. B. wegen der Freundinnen und Freunde), aber sowohl Sie als auch die Lehrkraft meinen, dass es das nicht schafft, hilft nur ein offenes Gespräch. Erklären Sie Ihrem Kind die verschiedenen Schulformen und sprechen Sie über seine Arbeitsbereitschaft, seine Stärken und Fähigkeiten. Wo kommen die am besten zur Geltung?

Darauf sollten Sie achten

- Ist Ihr Kind sicher in den Grundrechenarten?
- Kann es Textaufgaben selbstständig lösen?
- Ist es in der Lage, konzentriert und ohne Unterbrechung zu arbeiten?
- Hat Ihr Kind Freude an der Lösung von Rätseln und Denksportaufgaben?

Selbstständig üben

- Die Aufgaben sind so konzipiert, dass Ihr Kind sie selbstständig bearbeiten kann.
- Beim Überprüfen und ggf. Korrigieren der Lösungen Ihres Kindes hilft Ihnen das herausnehmbare Lösungsheft.

Test 1

1 Ergänze die freien Felder der Pyramide so, dass die Summe zweier nebeneinanderstehender Zahlen jeweils im darüberliegenden Feld steht.

2 Subtrahiere schriftlich: 566 811 – 379 234

3 Ersetze die Striche in der Aufgabe so durch Ziffern, dass die Rechnung stimmt.

```
    5 _ 0 3 _
+   _ 7 4 _ 6
-------------
  1 1 3 _ 6 6
```

4 Anna fährt mit dem Inter-Regio von München (Abfahrt 19.24 Uhr) nach Hof (Ankunft 22.10 Uhr) zu ihrer Oma. Zwischen den beiden Städten hält der Zug achtmal, wobei jeder Halt zwei Minuten dauert.

a Berechne die reine Fahrzeit des Zuges.

Rechnung:

Antwort: ______________________________

b Wie viele Kilometer hat der Inter-Regio in dieser Zeit zurückgelegt, wenn er mit einer durchschnittlichen Geschwindigkeit von 82 km pro Stunde fährt?

Rechnung:

Antwort: ______________________________

5 In einem 3-Familien-Wohnhaus beträgt die Monatsmiete für die Wohnung im Erdgeschoss 790 €, die Miete für die Wohnung im Obergeschoss ist um 55 € höher. Jede der 3 Garagen ist für 65 € vermietet. Der Hausbesitzer nimmt im Jahr insgesamt 30 660 € ein.

Wie hoch ist die Monatsmiete für die dritte Wohnung im Dachgeschoss?

Rechnung:

Antwort: ______________________________

6 Landwirt Moser zäunt seine rechteckige Wiese mit der Länge 105 m und der Breite 47 m mit einem Elektrozaun ein, den er in drei Reihen übereinander spannt. Auf einer kürzeren Seite baut er ein 4 m breites Tor ein.

Was kostet Herrn Moser der Draht für die Einzäunung, wenn er für eine Rolle mit 10 m Draht 14,50 € bezahlt hat?

Rechnung:

Antwort: ____

7 Welche Rechenzeichen musst du anstelle von □ und △ setzen, damit die Rechnung richtig ist?

14 □ 6 – 72 △ 9 = 76

8 In einem Regal stehen in einer Reihe nebeneinander Uhren. Davon sind zwei Kuckucksuhren. Eine Kuckucksuhr ist die sechste Uhr von links, die andere ist die achte Uhr von rechts. Zwischen den beiden Kuckucksuhren stehen genau drei andere Uhren.

Wie viele Uhren stehen im Regal?

Antwort: ____

9 Miss die Strecken ①, ②, ③, ④ und ⑤ mit einem Lineal, vergleiche sie und ergänze die Sätze unten.

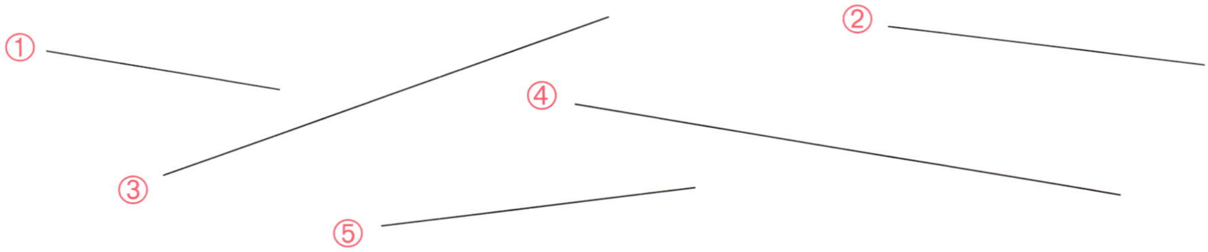

a Die Strecken ______ und ______ sind gleich lang.

b Die Strecke ______ ist die längste Strecke.

c Die Strecke ______ ist die kürzeste Strecke.

10 In der Tabelle findest du Angaben von den Einwohnerzahlen mehrerer Städte in Deutschland.

a Lies die Bevölkerungszahl der Städte München und Frankfurt aus dem Diagramm ab und trage sie in die Tabelle ein.

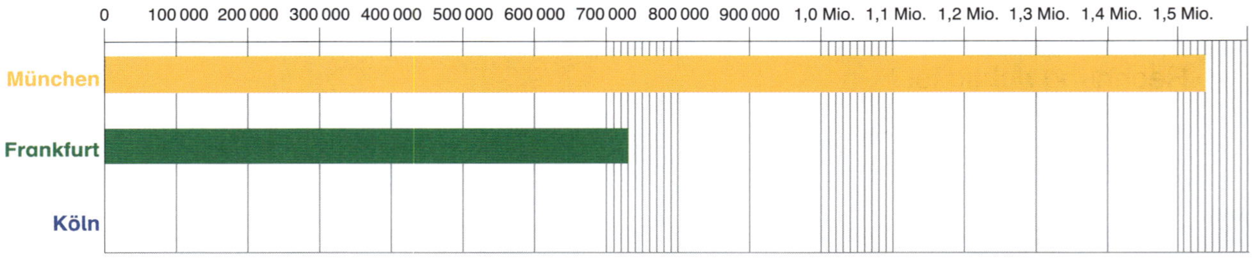

b Ergänze die Säule für die Stadt Köln im Diagramm.

c Die Bevölkerungszahl wurde auf Zehntausender gerundet.

Wie viele Menschen wohnen daher mindestens in Frankfurt und wie viele höchstens?

Stadt	EW-Zahl
München	______
Frankfurt	______
Köln	1 080 000

Antwort: ______________________________

Test 2

1 Berechne die Differenz der Zahlen 84 421 und 35 469.

2 Berechne: 786 303 : 9

3 Leon denkt sich eine Zahl, multipliziert sie mit 5, addiert 30, dividiert durch 6 und erhält die Zahl 10.

Wie heißt Leons gedachte Zahl?

Rechnung:

Antwort: ______________________________

4 Obsthändler Berti kauft 72 kg Äpfel und 55 kg Orangen. Für 1 kg Äpfel muss er 1,80 € bezahlen, für 1 kg Orangen 2,50 €.

a Welchen Gesamtpreis hat der Händler beim Einkauf bezahlt?

Rechnung:

Antwort: ______________________________

b Beim Auspacken der Ware stellt Berti fest, dass 3 kg Orangen und der zwölfte Teil der Äpfel verdorben sind und daher nicht mehr verkauft werden können. Die restlichen Äpfel verkauft er zum Preis von 2,60 € je Kilogramm. Von den Orangen verkauft er 32 kg zum Preis von 3 € je Kilogramm, vom Rest die eine Hälfte zum Preis von 2,50 € je Kilogramm und die andere Hälfte zum Preis von 2 € je Kilogramm.

Welchen Betrag hat er beim Verkauf eingenommen?

Rechnung:

Antwort: ______________________________

5 Welche Strecken stehen im rechten Winkel? Kreuze an.

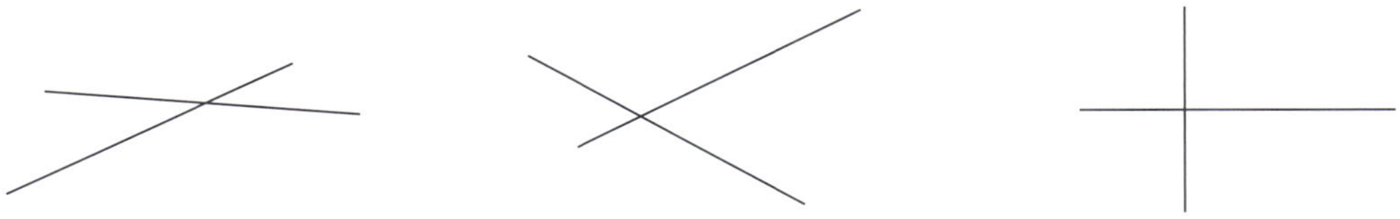

☐ ☐ ☐

6 Setze die Zahlenfolge fort.

6; 9; 18; 21; 42; 45; 90; 93; ____; ____; ____; ____

7 Berechne die fehlenden Zahlen. Jeder Strich steht für eine Ziffer.

4 _ 8 · 5 _

2 0 4 0

_ _ _ _

2 2 8 4 8

8 Anna und Leon gehen wandern. Die Wanderung beginnt um 9.27 Uhr und endet um 11.10 Uhr.

a Wie viele Stunden und Minuten liegen zwischen Beginn und Ende der Wanderung?

Antwort: ____________________

b Anna und Leon wollen auf der Wanderung eine 15-minütige Pause machen. Diese Pause planen sie so, dass die Gehzeit vorher und nachher jeweils genau gleich lang ist.

Berechne, wann die Pause beginnt und wann sie endet.

Rechnung:

Antwort: ____________________

9 Welche Zahl musst du anstelle von ☐ einsetzen, damit die Aufgabe stimmt?

☐ · 3 – ☐ : 3 = 240

10 Herr Neumann holt sein Auto aus der Werkstatt und bezahlt die Kundendienstrechnung mit einem 500-Euro-Schein. Er bekommt 44,85 € zurück. Auf seiner Rechnung steht: drei Liter Motoröl für je 15,95 €, vier Zündkerzen für je 6,50 €, zwei Liter Kühlflüssigkeit für zusammen 33,30 € sowie 6 Arbeitsstunden.

Frage: ______________________________

____

Rechnung:

Antwort: ______________________________

____

Test 3

1 Verbinde die Zahlen richtig mit dem Zeitstrahl.

43 735 43 820

2 Multipliziere die Zahl 3 084 mit 47 und addiere dann 740 789.

3 Finde die fehlenden Ziffern. Jeder Strich steht für eine Ziffer.

1 0 5 3 _ : 8 = 1 _ _ _

– _

2 5

– 2 4

_ _

– _ _

_ _

– _ _

0 0

4 Eva meint: „Von meinen beiden Schwestern ist Rosa drei Jahre älter als ich und Mona vier Jahre jünger als ich. Zusammen sind wir 50 Jahre alt.“

Wie alt ist jede der drei Schwestern?

Rechnung:

Antwort: ______________________________

5 Setze richtig ein: >, <, =

a 8 km ☐ 800 000 cm

b 5 h 45 min ☐ 545 min

c 5 kg 310 g ☐ 5 300 g

6 Das Ergebnis in der Mitte des Rechenrades ist immer 100 000.
Ergänze die Additionsaufgaben und fülle die leeren Felder richtig aus.

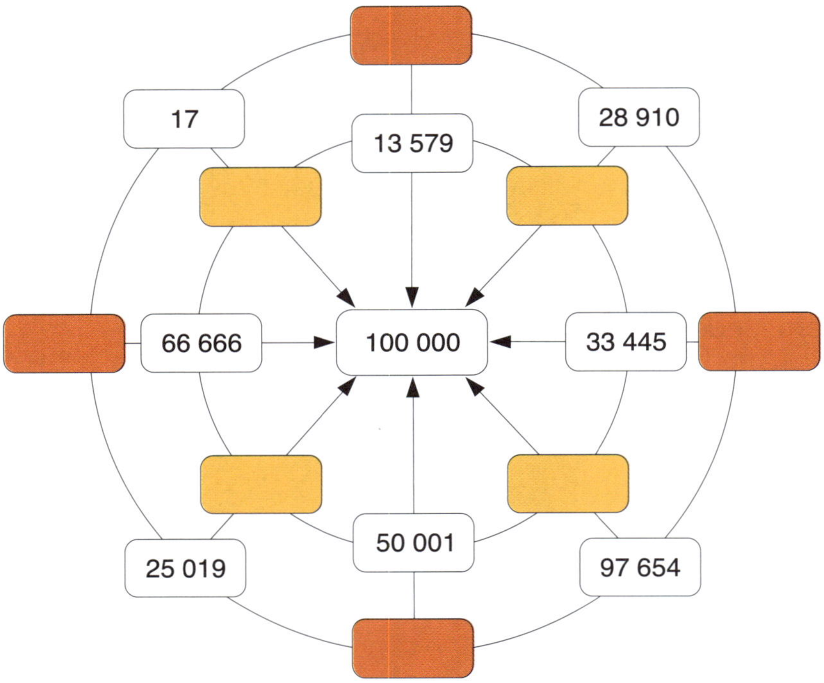

7 Ein Schiff hat bereits 2 276 Kisten zu je 34 kg und 2 323 Kisten zu je 54 kg geladen.

Wie viele Kisten zu je 8 kg können noch mitgenommen werden, wenn das Schiff mit 210 t beladen werden darf?

Rechnung:

Antwort: ______________________________

8 Waldarbeiterin Ast muss einen Baumstamm von 6 Metern Länge in Stücke zu je 60 cm Länge zersägen.

Wie lange braucht sie, wenn sie für jeden Schnitt 3 Minuten benötigt?

Rechnung:

Antwort: ______________________________

9 Beim großen Theaterwochenende der Klasse 4 b nahmen die Kinder insgesamt 6 300 € ein. Der 10. Teil davon war eine Spende. 207 Gäste bezahlten für ihre Plätze je 14 €, der Rest der Gäste saß auf den Plätzen zu 9 €.

Wie viele Theatergäste waren insgesamt bei der Vorstellung anwesend?

Rechnung:

Antwort: ______________________________

10 Familie Hartl besteht aus fünf Personen.

Wie hoch ist der jährliche Wasserverbrauch der Familie, wenn jedes Mitglied pro Tag durchschnittlich 132 Liter Wasser benötigt?

Rechnung:

Antwort: ______________________________

11 Ergänze die Zeichnung zu einer symmetrischen Figur.

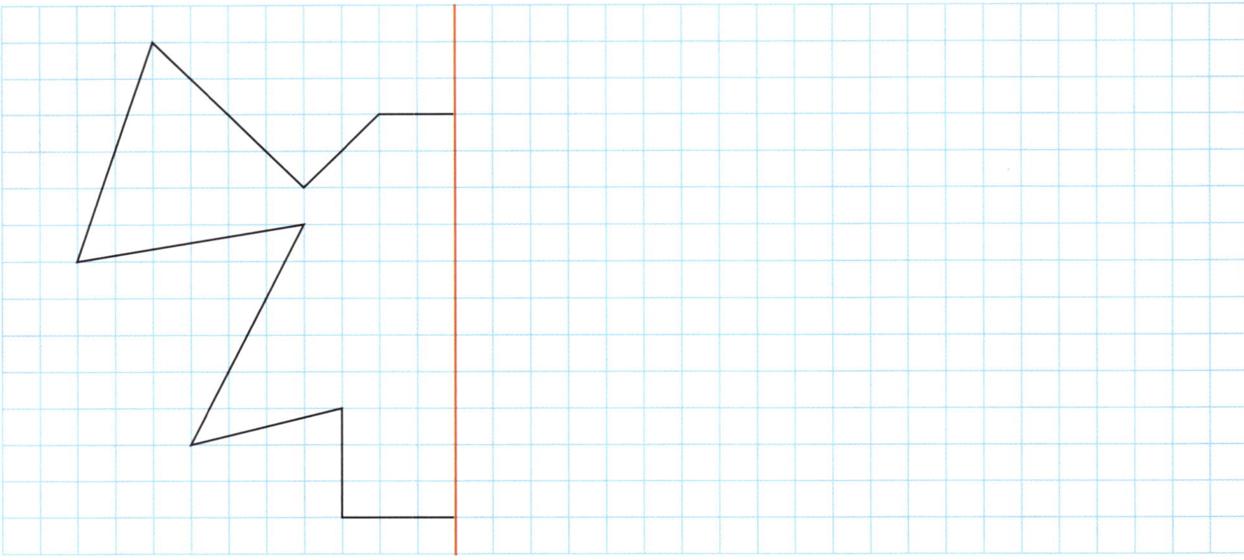

12 In einer kleinen Spielwarenfabrik werden pro Tag 100 Spielsachen hergestellt. Sie produziert Stofftiere, Fußbälle und 40 Jo-Jos.

a Lies aus dem Diagramm ab, wie viele Stofftiere hergestellt werden.

Antwort: ______________________________

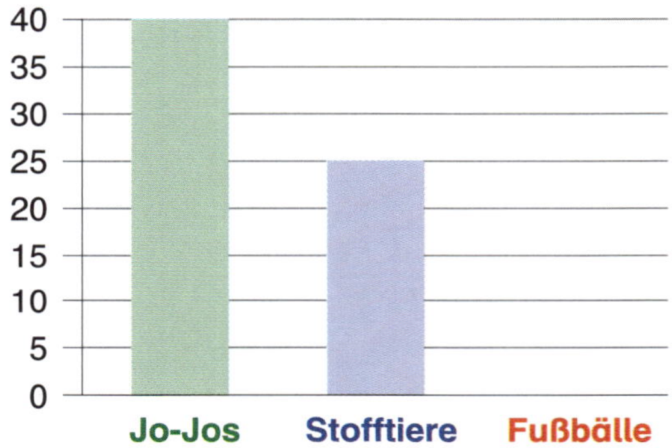

b Bestimme die Anzahl der hergestellten Fußbälle und trage die entsprechende Säule mit Lineal im Diagramm ein.

Antwort: ______________________________

c Die Produktionskosten für alle Fußbälle betragen in einer Arbeitswoche 96 €, für alle Stofftiere täglich 28 € und für jedes Jo-Jo täglich 10 Cent.

Wie hoch sind die Produktionskosten pro Woche für alle Spielwaren?

Rechnung:

Antwort: ______________________________

Test 4

1 Berechne: 289 835 : 7

2 Ergänze die fehlenden Ziffern. Jeder Strich steht für eine Ziffer.

a

```
   7 5 _ 2 8
 + 1 _ 0 7 _
 -----------
   _ 9 9 _ 4
```

b

```
3 _ 4 · _ 7
-----------
  2 _ _ 2
    2 5 4 8
-----------
  _ _ _ _ _
```

3 Herr Gebegern hat zwei Söhne und drei Töchter. Nach einem Lottogewinn schenkt er den Kindern insgesamt 324 000 €. Da er für die Ausbildung der Söhne bereits viel Geld ausgegeben hat, soll jede Tochter doppelt so viel bekommen wie ein Sohn.

Wie viel bekommt jedes Kind?

Rechnung:

Antwort: ______________________________

4 Die Summe von vier Zahlen ist 90 240. Die erste Zahl ist um 590 kleiner als die zweite Zahl. Die zweite Zahl ist um 9 240 größer als die dritte. Die dritte Zahl heißt 19 000.

Berechne die vierte Zahl.

Rechnung:

Antwort: ______________________________

5 Anna bastelt eine Geburtstagskarte für Leon. Sie zeichnet zuerst eine Vorlage.

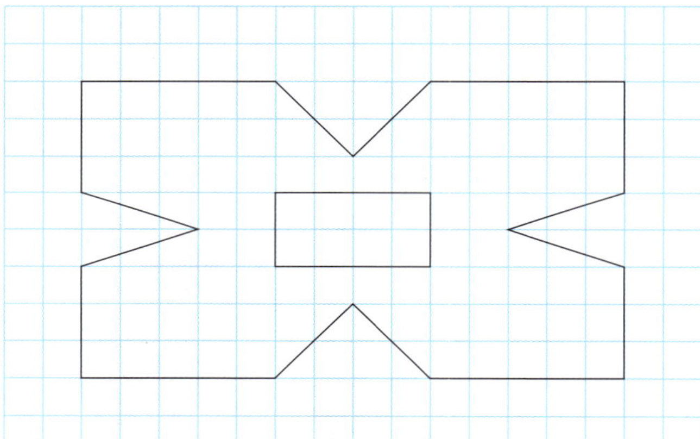

Anna faltet ein rechteckiges Papier und schneidet nach ihrer Zeichnung.
Welche Vorlage ist richtig?

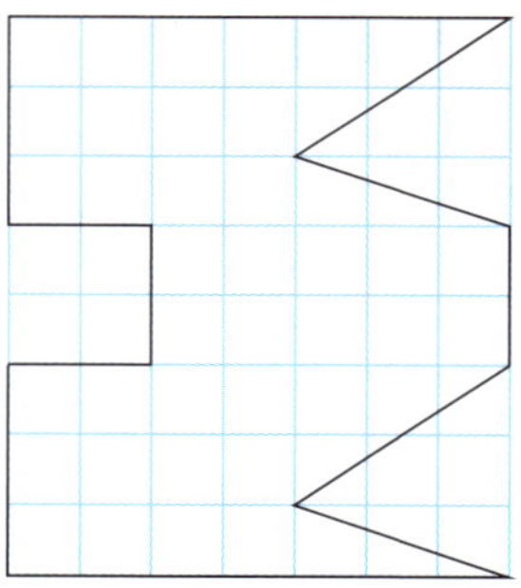

☐

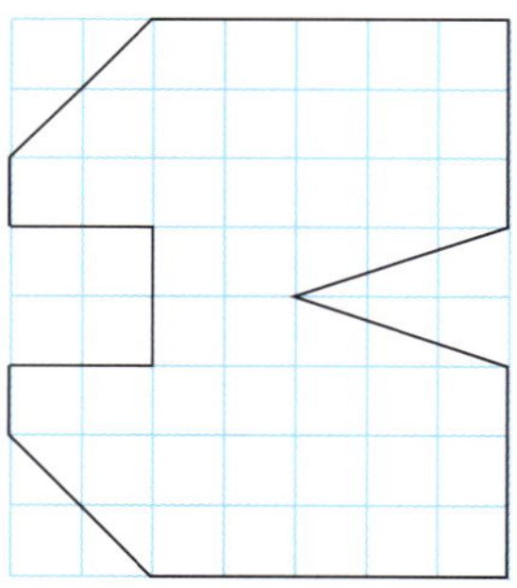

☐

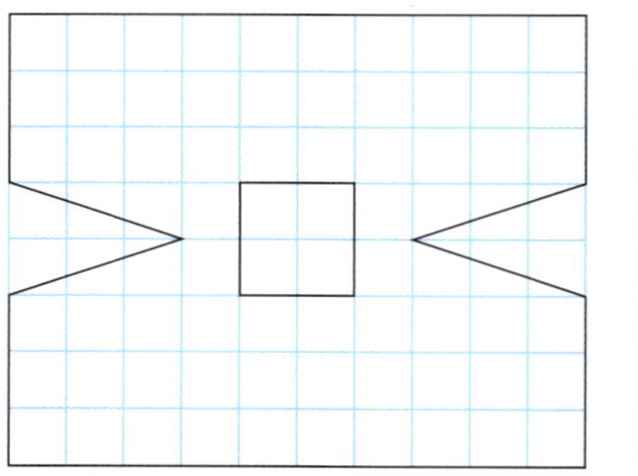

☐

6 Herr Schuster will sich drei Huskys (Schlittenhunde) anschaffen. Für drei Hunde fallen pro Monat 127,50 € Futterkosten und zudem 450 € pro Jahr für Steuer, Hundeleinen und sonstige kleine Sachen an. Auch der Tierarzt muss regelmäßig aufgesucht werden. Dafür sind je Husky im Jahr durchschnittlich 275 € zu berechnen. Herr Schuster ist bereit, den 8. Teil seines Jahreseinkommens von 42 600 € für diese Freizeitbeschäftigung auszugeben.

Frage: ______________________________

____

Rechnung:

Antwort: ______________________________

____

7 Ergänze die magischen Quadrate so, dass die Summe der Zahlen in jeder Reihe, jeder Spalte und jeder Diagonalen gleich ist.

100	16	76
	64	

		84
	192	
300		228

8 Rechne in die angegebenen Einheiten um.

a 9 kg 19 g = ________ g

b 18,5 km = ________ m

9 Leon sammelt Fußballsticker für ein Sammelalbum. Es passen 168 Spieler in das Album. Die Päckchen enthalten jeweils 9 Sticker.

a Leon überlegt, wie viele Päckchen er kauft. Er legt eine Tabelle an, um einen Überblick über die Kosten zu bekommen. Ergänze seine Tabelle:

Päckchenanzahl	2	5		9
Preis	5,20 €		18,20 €	

b Die 168 Spieler spielen in 8 gleich großen Mannschaften. Wie viele Spieler hat eine Mannschaft?

Antwort: ______________________________

c Leon hat nach kurzer Zeit 89 Fußballsticker eingeklebt. Sein Freund Christopher hat 69 Sticker, den 3. Teil schenkt er Leon, weil er diese nicht braucht und sie Leon noch fehlen. Wie viele Sticker braucht Leon dann noch? Berechne.

Antwort: ______________________________

Test 5

1 Rechne in die angegebene Einheit um.

a 805 cm = ________ m

b 4 500 cm = ________ mm

c 120 min = ________ s

d 5 h 35 min = ________ min

2 In einer Tierhandlung kauft Sophie für ihren Hamster Mischfutter.
Sie kauft 300 g Haferflocken,
20 g Getreide und 400 g Kräuter.
Wie viel muss sie bezahlen?

Rechnung:

Antwort: ______________________________

3

Frachtschiff:
2 200 t Steinkohle

Güterzug:
16 Wagen mit je
28 t Steinkohle

Lastwagen:
30 t Steinkohle

Kreuze die Fragen an, die du durch Rechnung beantworten kannst.
Falls dies möglich ist, gib in den Klammern das genaue Ergebnis an.

a ☐ Wie viele Lastwagen können die gleiche Menge Steinkohle transportieren wie ein Frachtschiff? (_______________)

b ☐ Wie viel Steinkohle transportieren fünf Lastwagen und ein Güterzug? (_______________)

c ☐ Welches Transportmittel ist am umweltfreundlichsten? (_______________)

d ☐ Mit welchem Transportmittel wird die gleiche Menge Steinkohle am schnellsten transportiert? (_______________)

e ☐ Wie viele t Steinkohle transportiert ein Güterzug? (_______________)

f ☐ Bei welchem Transportmittel braucht man das meiste Personal für den Transport? (_______________)

4 Finde die fehlenden Zahlen der beiden Zahlenfolgen.

a _____; _____; 334; 337; 341; 346; 352; _____; _____

b _____; _____; 213; 216; 211; 214; 209; 212; 207; _____; _____

5 Eine Allee mit alten Eichen ist 6 km 720 m lang. Auf beiden Seiten dieser Allee stehen die Bäume in einem Abstand von 48 m.

Wie viele Eichen stehen insgesamt an dieser Allee, wenn sowohl am Anfang als auch am Ende jeder Straßenseite ein Baum steht?

Rechnung:

Antwort: ______________________________

6 Berechne und führe die Probe durch:

384 496 : 7 =

7 Anna geht mit ihren Eltern in den Elektromarkt. Sie wollen einen neuen Fernseher kaufen, der für 1 170 € angeboten wird. Da sie bar bezahlen, bekommen sie den 9. Teil des angebotenen Preises als Nachlass. Ihr Nachbar, Herr Zweifel, will den gleichen Fernseher kaufen und überlegt sich einen Ratenkauf. Dabei muss er den 3. Teil anzahlen und noch 12 Monatsraten zu je 75 € entrichten.

Frage:

Rechnung:

Antwort:

8 Der abgebildete Würfel wurde bis zur Hälfte in einen Farbeimer getaucht.

Male die entsprechenden Flächen des Würfelnetzes so an, dass beim Zusammenfalten der abgebildete Würfel entsteht.

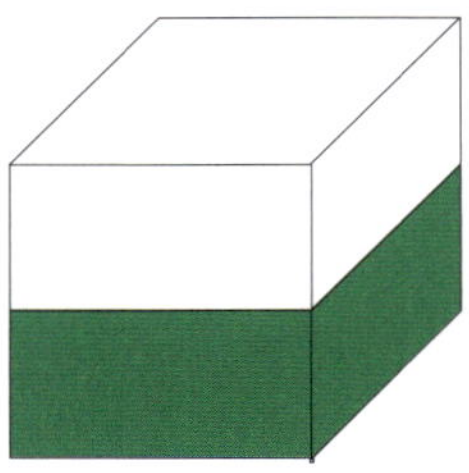

Test 6

1 Berechne 610 228 : 8 und führe die Probe durch.

2 Leon möchte aus 68 cm Draht ein Kantenmodell eines Quaders basteln. Der Quader soll 8 cm lang und 6 cm breit werden.

Wie hoch kann der Quader höchstens werden, damit der Draht reicht?

Rechnung:

Antwort: ______________________________

3 Frau Müller kann die Rechnung der Getränkelieferung nicht begleichen, weil wichtige Angaben fehlen. Hilf ihr, indem du die fehlenden Zahlen findest.

80 Kästen Apfelsaft zu je	€ ☐	: € 400,00
16 Kästen Zitronenlimonade zu je	€ 3,50	: € ☐
		€ ☐

4 Anna und Leon wohnen 15 km und 400 m voneinander entfernt. Wenn Anna ihren Freund besucht, legt sie mit dem Fahrrad durchschnittlich 12 km in der Stunde zurück.

a Welche Wegstrecke legt Anna mit dem Fahrrad in einer Minute zurück? Welche Wegstrecke legt sie in 17 Minuten zurück?

Rechnung:

Antwort: ______________________________

b Wie lange braucht Anna, wenn sie auf der Hinfahrt eine Pause von 26 Minuten einlegt?

Rechnung:

Antwort: ______________________________

c An einem anderen Tag besucht Leon seine Freundin zu Fuß. Am Morgen geht er um 8.30 Uhr mit einer durchschnittlichen Geschwindigkeit von 4 200 m in der Stunde los und macht nach jeder vollen Stunde eine Pause von genau 10 Minuten. Anna fährt Leon mit dem Fahrrad entgegen und fährt um 9.40 Uhr los.

Wie weit sind die beiden um 10.10 Uhr voneinander entfernt?

Rechnung:

Antwort: ______________________________

5 In einer Gärtnerei werden unter anderem Tulpen und Rosen verkauft. Eine Tulpe kostet 2 €, eine Rose 3 €. Die Chefin stellt Folgendes fest: Es wurden neun Rosen weniger als Tulpen verkauft. Insgesamt wurden für die verkauften Rosen und Tulpen 283 € eingenommen.

Wie viele Tulpen und Rosen hat die Verkäuferin verkauft?

Rechnung:

Antwort: ______________________________

6 Die Fußballspieler der E-Schülermannschaft führen eine Umfrage durch, welcher Fußballverein am beliebtesten ist. Jeder Spieler hat nur eine Stimme.

FC Bayern München | 1. FC Nürnberg | TSV 1860 München

a Wie viele Fußballspieler nehmen an der Umfrage teil? ______________

b In der D-Jugendmannschaft wurde die gleiche Frage gestellt. Leon berichtet: „Für den FC Bayern München wurden 3 Stimmen mehr, für den TSV 1860 München wurden 3 Stimmen weniger abgegeben." Christopher ergänzt: „In der D-Jugendmannschaft sind 2 Spieler mehr als in der E-Schülermannschaft."

Berechne das Ergebnis der Umfrage in der D-Jugendmannschaft.

Zeichne das Ergebnis der D-Jugendmannschaft als Balkendiagramm.

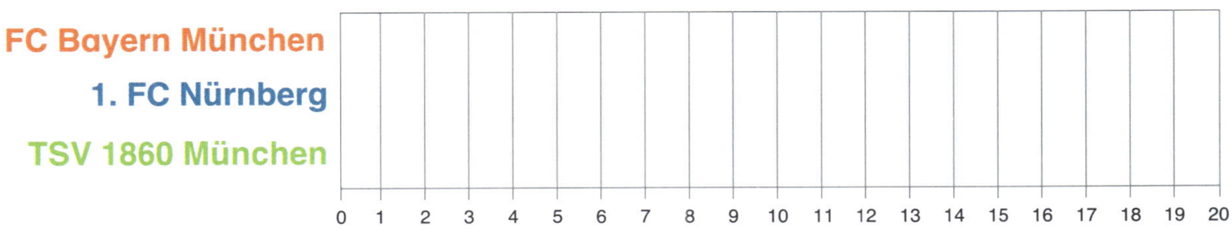

7 Anna hat große und kleine Würfel sowie große und kleine Murmeln.
Jede große Murmel wiegt 25 g, jede kleine Murmel wiegt 10 g.

a Mithilfe ihrer Waage stellt Anna fest, dass acht große Würfel so viel wiegen wie 16 kleine Murmeln.

Berechne, wie viel Gramm ein großer Würfel wiegt.

Rechnung:

Antwort: ______________________________

____

b Bei einem zweiten Versuch stellt sie fest, dass 17 kleine Murmeln und zwei kleine Würfel genauso viel wiegen wie fünf große Murmeln und sieben kleine Würfel.

Berechne, wie viel Gramm ein kleiner Würfel wiegt.

Rechnung:

Antwort: ______________________________

Test 7

1 Berechne und führe anschließend die Probe durch.

a 461 295 : 5

b 1 279 · 9

2 Ergänze die Zahlenfolge.

10; 10; 20; 30; 50; ____; ____; ____; 340

3 Rechne aus:

63 909 + 18 915 – 3 939 = ________

4 Welche Zahl fehlt hier? Berechne schriftlich.

11 111 – ☐ = 4 444

5 Die Baugrube für eine neue Schule soll im Abstand von 5 m durch einen Maschendrahtzaun abgesichert werden (siehe Skizze).

Wie lang muss der Sicherungszaun sein?

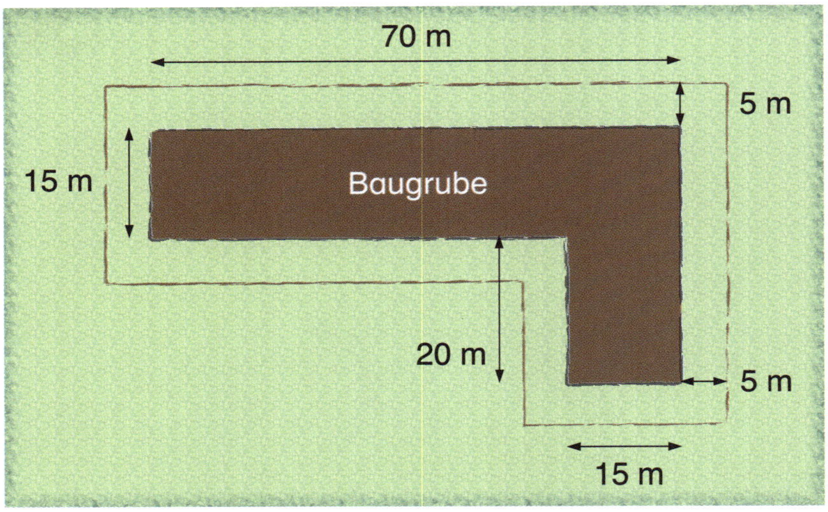

Rechnung:

Antwort: ______________________________

6 Leon möchte seinen Freund im Nachbardorf besuchen. Um 13.45 Uhr will er mit dem Fahrrad starten und um 17.15 Uhr muss er wieder zu Hause sein. Für die Hinfahrt benötigt Leon 15 Minuten, für die Rückfahrt 5 Minuten mehr.

Wie lange kann er mit seinem Freund spielen?

Rechnung:

Antwort: ______________________________

7 Finde die fehlenden Zahlen in der Zahlenpyramide.

15 000

300 | [ ]

60 | 5 | [ ]

8 Ergänze die Zeichnung zu einer symmetrischen Figur. Benutze Bleistift und Lineal.

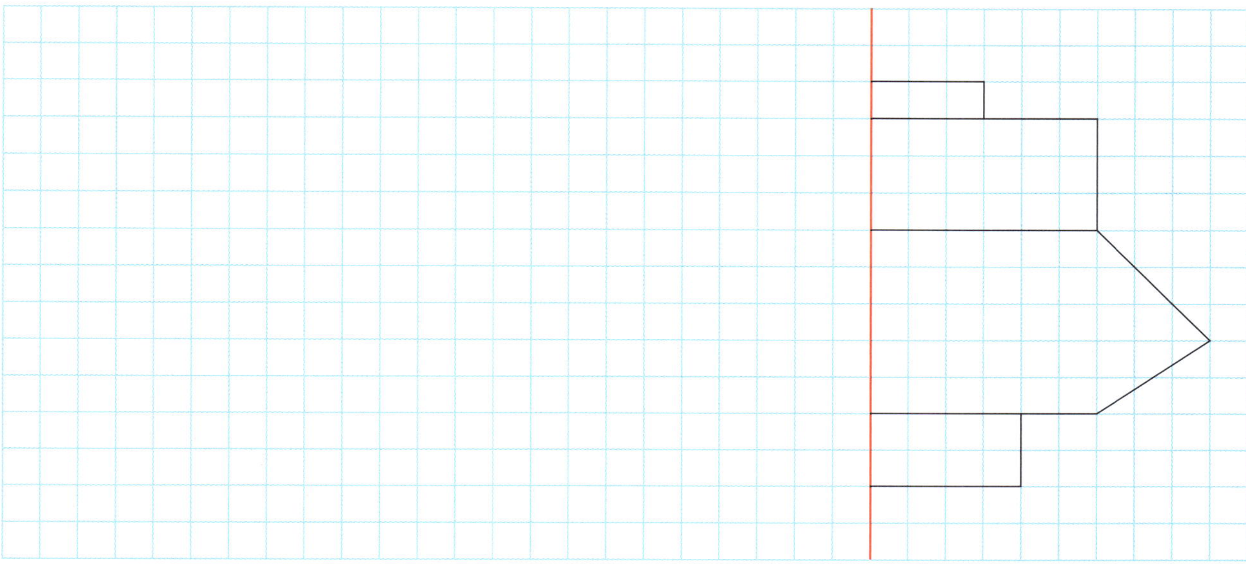

9 Herr Knauser will sein Gewicht, das seines Sohnes und das seines Hundes wissen. In einer Bahnhofsvorhalle kostet das Wiegen auf einer Personenwaage aber 1 €. Um Geld zu sparen, stellt er sich zusammen mit seinem kleinen Sohn Tobias und Hund Trolli auf die Waage. Alle miteinander wiegen 88 kg.

Wie schwer ist Tobias, wenn Herr Knauser 40 kg mehr wiegt als Hund Trolli und Sohn Tobias zusammen, Trolli aber dreimal so viel wiegt wie Tobias?

Rechnung:

Antwort: ______________________________

10 Herr Neumann möchte im nächsten Frühjahr für sich und Leon zwei neue Fahrräder kaufen. Leons Wunschfahrrad kostet 380 €, das Fahrrad für Herrn Neumann wird 550 € kosten. Weil Herr Neumann ein guter Kunde ist, bekommt er einen Preisnachlass von 35 €. Er hat für den Fahrradkauf schon 535 € zurückgelegt.

Wie viel muss er jeden Monat sparen, wenn er die Räder in drei Monaten kaufen will?

Rechnung:

Antwort: ______________________________

Test 8

1 Berechne die Summe der Zahlen 124 395 und 368 746.

2 Berechne: 847 · 406

3 Leons Onkel hat einen Sohn, der 20 Jahre jünger ist als er selbst. Zusammen sind die beiden 48 Jahre alt.

Wie alt ist Leons Onkel? Wie alt ist sein Sohn?

Antwort: ______________________________

4 Ein Müller hat drei Mühlen. Die erste Mühle mahlt in sechs Stunden 2 t 700 kg Getreide. Die zweite Mühle schafft in der gleichen Zeit doppelt so viel Getreide. Die dritte Mühle benötigt für 2 t 600 kg Getreide vier Stunden.

a Wie viel Getreide mahlt jede Mühle in der Stunde?

Rechnung:

Antwort: ______________________________

____

b Ein Bauer liefert 5 t Getreide. Der Müller verteilt die 5 t so auf seine drei Mühlen, dass der Mahlvorgang in den Mühlen gleichzeitig beendet ist, wenn er sie gleichzeitig in Bewegung setzt.

Wie lange dauert der Mahlvorgang und wie viel Getreide hat der Müller in jede Mühle gefahren?

Rechnung:

Antwort: ______________________________

____

5 Wie heißen die zwei nächsten Zahlen der Zahlenfolge?

5 785; 5 775; 5 745; 5 655; ________; ________

6 Die 23 Kinder der Klasse 4 b fahren gemeinsam mit den 27 Kindern der Klasse 4 c für eine Woche ins Schullandheim. Die Übernachtung mit Frühstück kostet dort für jedes Kind in der Woche 98 €. Die Kosten für den Bus für Hin- und Rückfahrt betragen insgesamt 332 €. Außerdem ist ein Ausflug zu einer nahe gelegenen Burg geplant. Ab dreißig Personen kostet dort eine Führung 36 ct pro Person, bei einer kleineren Gruppe muss jeder 50 ct bezahlen. Damit die Fahrt ins Schullandheim nicht zu teuer wird, zahlt die Schule für jedes Kind einen Zuschuss von 12 €.

Frage: ____

____

Rechnung:

Antwort: ____

____

7 Ein Eichhörnchen läuft auf den Kanten eines Quaders. Es sammelt für den Winter Futterkörner, die auf dem Weg liegen. Auf den Kanten steht die Anzahl der Futterkörner, die es dort sammeln kann.

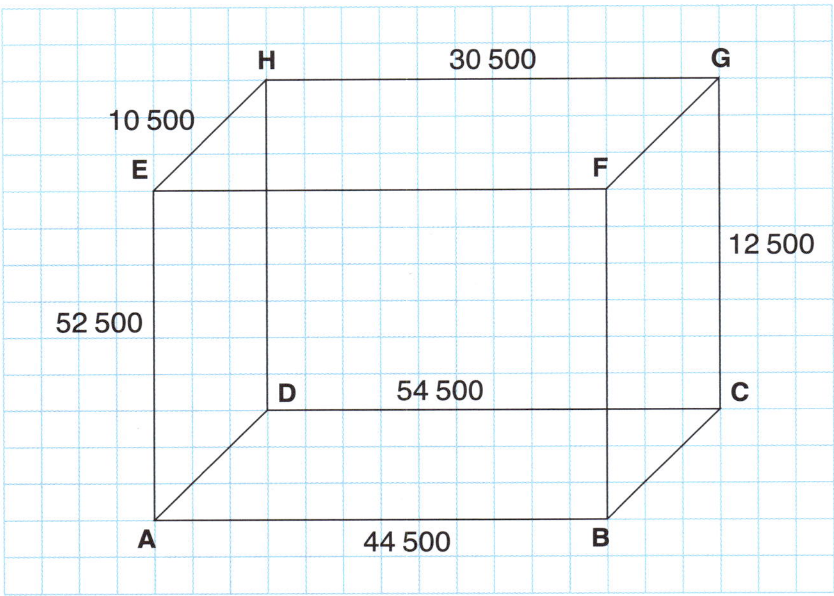

a Das Eichhörnchen läuft von A aus 3 Kanten entlang nach G. Es sammelt dabei möglichst viele Futterkörner.
Welchen Weg läuft es? Trage die Buchstaben ein.

A ——► _____ ——► _____ ——► _____

b Das Eichhörnchen läuft von C nach A.
Es sammelt 106 000 Futterkörner auf.
Welchen Weg läuft es?

Rechnung:

Antwort: ______________________________

Lernzielkontrollen – Tipps zum Üben

Im vierten Teil finden sich authentische Tests (Lernzielkontrollen) zum gesamten Stoff des Mathematik-Unterrichts des 4. Schuljahrs. Ihr Kind kann damit überprüfen, wie sicher es die Inhalte beherrscht. Bei jedem Test unterstützen Sie Zeitangaben, Punkteverteilung und Notenschlüssel bei der realistischen Bewertung der Leistung Ihres Kindes. Zusätzlich erklären die folgenden Tipps den sinnvollen Umgang mit den Lernzielkontrollen.

Lernbereiche

- Die Lernzielkontrollen umfassen die von den Kultusministerien festgelegten Kompetenzbereiche Zahlen und Operationen, Raum und Form (Geometrie), Muster und Strukturen, Größen und Messen sowie Daten, Häufigkeiten und Wahrscheinlichkeiten.
- Bei jeder Lernzielkontrolle finden Sie oben einen Infokasten, in dem die Lernbereiche aufgelistet sind. Überprüfen Sie vor der Durchführung einer Lernzielkontrolle, ob Ihr Kind sich in der Schule bereits mit diesen Lernbereichen beschäftigt hat. So wird Ihr Kind nicht überfordert.

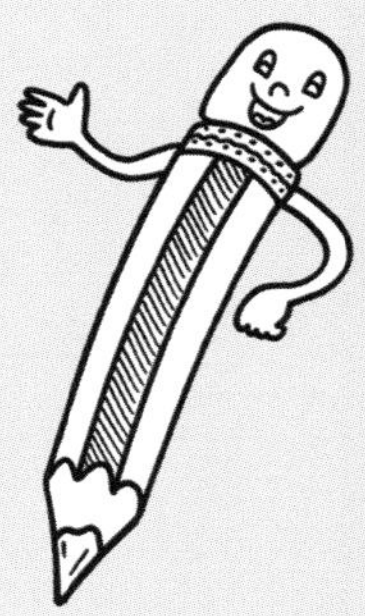

Schwierigkeitsgrad

- Die ersten beiden Lernzielkontrollen enthalten relativ leichte Aufgaben (Wiederholung des Stoffs der 3. Klasse und Rechnen bis 100 000) und können bereits am Anfang der 4. Klasse bearbeitet werden.
- Ab Lernzielkontrolle 3 wird der Zahlenraum auf 1 000 000 erweitert.
- Ab Lernzielkontrolle 5 wird das schriftliche Malnehmen, ab Lernzielkontrolle 7 auch das schriftliche Teilen abgefragt.
- Aufgaben zu Geometrie, Rechnen mit Größen und Sachaufgaben finden sich von Anfang an in den Lernzielkontrollen. Der Schwierigkeitsgrad dieser Aufgaben steigt nach und nach.

Bewertung

- In dem Infokasten auf jeder Lernzielkontrolle ist jeweils die Zeit angegeben, die Ihr Kind für die Bearbeitung ungefähr benötigen sollte.
- Am Ende jeder Lernzielkontrolle finden Sie einen Notenschlüssel.

Lernzielkontrolle 1

Wiederholung des Stoffs der 3. Klasse: halbschriftlich malnehmen und teilen; Ketten- und Platzhalteraufgaben lösen; Rechenbegriffe zuordnen; Sachaufgaben mit Euro und Cent lösen; schriftlich plus und minus rechnen; teilen mit Rest

Zeit: ca. 45 Minuten

1 Schreibe untereinander und zähle zusammen. /4

345 + 234   278 + 413   479 + 46   508 + 297

2 Schreibe untereinander und ziehe ab. /4

657 – 234   835 – 257   603 – 274   920 – 62

3 Suche die fehlenden Ziffern. /6

```
  1 9 _       _ 9 5       7 6 _       8 _ 4
+ _ _ 7     + 3 _ _     – _ 8 2     – _ 3 6
  5 6 1       8 2 2       3 _ 4       6 5 _
```

4 Achte auf Punkt vor Strich. /4

6 · 5 + 5 = ________ = ______   8 + 7 · 6 = ________ = ______

49 : 7 + 17 = ________ = ______   34 – 64 : 8 = ________ = ______

5 Rechne halbschriftlich. /4

58 · 8 = ______   145 · 6 = ______   476 : 7 = ______   315 : 9 = ______

6 Kreise folgende Begriffe in der Farbe ihres Rechenzeichens ein. /5

+ rot — blau : grün · gelb

der ____ Teil von	multiplizieren	abziehen	Differenz
			dazuzählen
addieren	Summe	vervielfachen	
	subtrahieren		dividieren

7 Löse die Zahlenrätsel.

a Addiere zu dem Doppelten von 32 das Vierfache von 50. /3

b Multipliziere zuerst die Zahlen 11 und 4 und subtrahiere dann 12. /2

c Dividiere die Zahl 480 durch 6 und addiere dann den 5. Teil von 25. /3

8 Hier kann beim Teilen ein Rest bleiben. /6

320 : 4 = ____________ 450 : 90 = ____________ 270 : 3 = ____________

250 : 40 = ____________ 24 : 7 = ____________ 530 : 60 = ____________

9 Vier Tüten Salzbrezeln kosten 3,60 €. /2,5

Frage: Wie viel kosten sieben Tüten Salzbrezeln?

Rechnung: (Du kannst auch eine Rechentabelle zeichnen.)

Antwort: ____________________

10 Familie Janson geht in einen Freizeitpark. Es sind zwei Erwachsene und drei Kinder. Der Eintritt für einen Erwachsenen kostet doppelt so viel wie der Eintritt für ein Kind. Insgesamt bezahlt die Familie 56 €. /2,5

Frage: Wie teuer ist der Eintritt für ein Kind und wie teuer ist der Eintritt für einen Erwachsenen?

Rechnung:

Antwort: ____________________

____

Notenschlüssel:

1	2	3	4	5	6
46–42,5	42–36	35,5–28,5	28–18,5	18–9	8,5–0

Ich habe ________ Minuten gebraucht.

Ich habe ________ Punkte erreicht.

Note: ________

Lernzielkontrolle 2

Zahlen und Operationen (bis 100 000): malnehmen und teilen; Nachbarzahlen finden; schriftlich plus und minus rechnen; Zahlenfolgen fortsetzen; Zahlenrätsel lösen; Zahlen unterschiedlich darstellen und vergleichen

Zeit: 45–50 Minuten

1 Trage richtig ins Stellenwerthaus ein und schreibe als Zahl. /5

	ZT	T	H	Z	E	
4 ZT + 3 T + 8 H + 2 Z + 9 E						______
9 ZT + 6 T + 7 Z						______
8 ZT + 13 H + 5 E						______
dreiundfünfzigtausendsiebenhundertvier						______
vierundsiebzigtausendachtundzwanzig						______

2 Ergänze die Tabelle. /11,5

Nachbar-tausender	Nachbar-hunderter	Nachbar-zehner	Nachbar-einer	Zahl	Nachbar-einer	Nachbar-zehner	Nachbar-hunderter	Nachbar-tausender
7000				7 894				
				9 015				
					4 000			

3 Setze richtig ein: <, =, > /3

30 470 ◯ 34 744 76 890 ◯ 67 980 56 039 ◯ 65 903

6 Z 3 ZT 4 T ◯ 34 060 2 H 7 Z 4 ZT 3 E 5 T ◯ 34 725 18 906 ◯ 9 H 8 T 1 ZT 6 E

4 Setze die Zahlenfolgen fort. /5

a 48 100, 48 300, 48 500, 48 700, ______, ______, ______

b 24 300, 25 400, 26 500, 27 600, ______, ______, ______

c 35 200, 35 300, 35 500, 35 800, ______, ______, ______

d 81 700, 81 300, 80 900, 80 500, ______, ______, ______

e 94 600, 84 500, 74 400, 64 300, ______, ______, ______

5 Wie heißt die Zahl? /4

a Die Zahl ist um 2 000 größer als 18 754. Die Zahl heißt: ____________

b Die Hälfte der Zahl ist 42 400. Die Zahl heißt: ____________

c Die Zahl liegt in der Mitte zwischen 20 000 und 80 000. Die Zahl heißt: ____________

d Wenn ich sie mit 5 multipliziere, erhalte ich 25 000. Die Zahl heißt: ____________

6 Schreibe richtig untereinander und rechne aus. Achte dabei auf + und –. /4

59 762 + 34 514 23 075 – 4 591 65 000 – 18 207 58 916 + 9 387

7 Rechne. /4

7 · 3 000 = ______ 600 · 6 = ______ 9 · 8 000 = ______ 4 000 · 8 = ______

48 000 : 6 = ______ 54 000 : 9 = ______ 35 000 : 70 = ______ 2 800 : 40 = ______

8 Drei Zahlen ergeben zusammen 8 000. Die erste Zahl heißt 3 280.
Die zweite Zahl ist um 1 520 kleiner als die erste Zahl.

Frage: Wie heißt die dritte Zahl? /3,5

Rechnung:

Antwort: ____

9 Addiere die Zahlen 30 753 und 22 691.
Subtrahiere vom Ergebnis das Doppelte von 5 500. /3

Notenschlüssel:

1	2	3	4	5	6
43–39,5	39–33,5	33–26,5	26–17,5	17–8,5	8–0

Ich habe ________ Minuten gebraucht.

Ich habe ________ Punkte erreicht.

Note: ________

Lernzielkontrolle 3

Zahlen und Operationen (bis 1 000 000): am Zahlenstrahl orientieren; Nachbarzahlen finden; Sachaufgaben lösen; Zahlen der Größe nach ordnen, zu Zehn- und Hunderttausendern ergänzen und einander zuordnen; **Daten:** Diagramm lesen und ergänzen

Zeit: 45–50 Minuten

1 Was gehört zusammen? Male mit der gleichen Farbe aus. /8

700 000 + 6 000 + 300 + 10 + 4	500 000 + 40 000 + 600 + 20 + 9	500 000 + 40 000 + 9 000 + 30 + 7	700 000 + 60 000 + 4 000 + 800 + 3
fünfhundertneunundvierzigtausendsiebenunddreißig	siebenhundertvierundsechzigtausendachthundertdrei	fünfhundertvierzigtausendsechshundertneunundzwanzig	siebenhundertsechstausenddreihundertvierzehn
5HT 4ZT 9T 3Z 7E	6T 4E 7HT 3H 1Z	6ZT 8H 4T 3E 7HT	6H 5HT 9E 4ZT 2Z
706 314	549 037	764 803	540 629

2 Ergänze die Tabellen.

a Schreibe Vorgänger und Nachfolger auf. /2

Vorgänger	Zahl	Nachfolger
	235 632	
	467 899	

b Schreibe die Nachbartausender auf. /2

Nachbartausender	Zahl	Nachbartausender
	235 632	
	560 088	

c Schreibe die Nachbarzehntausender auf. /2

Nachbarzehntausender	Zahl	Nachbarzehntausender
	235 632	
	728 500	

3 Orientiere dich am Zahlenstrahl.

a Verbinde die markierten Zahlen mit der jeweils richtigen Stelle am Zahlenstrahl. /2

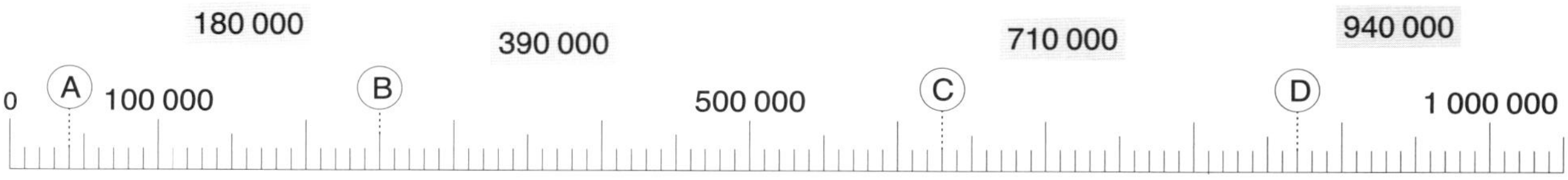

b Wie heißen diese Zahlen? /2

A: ______________ B: ______________ C: ______________ D: ______________

4 Ordne die folgenden Zahlen der Größe nach. Beginne mit der kleinsten Zahl. /2,5

790 654 709 453 7 969 769 055 79 458

____

5 Setze die richtigen Zahlen in die Lücken ein.

a Ergänze zum nächsten Zehntausender. /1,5

643 800 + ______________ = 650 000 827 400 + ______________ = ______________

b Ergänze zum nächsten Hunderttausender. /1,5

368 200 + ______________ = 400 000 579 100 + ______________ = ______________

6 Ergänze folgende Regel, die beim Runden gilt. /2

Bei den Ziffern ______________________________ wird abgerundet,

bei den Ziffern ______________________________ wird aufgerundet.

7 Runde.

a Runde folgende Längenangaben auf Hunderter. /3

3 729 m ~ ______________ m 72 684 m ~ ______________ m 853 m ~ ______________ m

b Runde folgende Bevölkerungszahlen auf Zehntausender. /3

Regensburg: 135 520 Menschen ~ ______________________________

Eisenach: 42 750 Menschen ~ ______________________________

Essen: 574 635 Menschen ~ ______________________________

8 Bei einer Ausstellung wurden täglich die Besucher*innen gezählt.
Aus den gerundeten Zahlen wurde folgendes Schaubild erstellt:

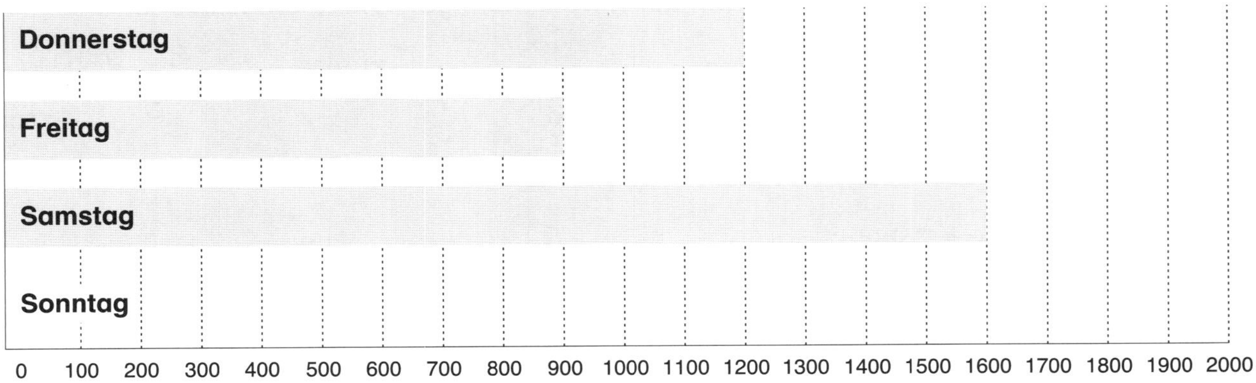

a Wie viele Besucher*innen waren an den einzelnen Tagen in der Ausstellung? /3

Donnerstag: ____________ Freitag: ____________ Samstag: ____________

b Am Sonntag waren es rund 1 900 Besucher*innen.
Zeichne für den Sonntag die passende Säule dazu. /1

9 Zu den Fußballspielen in München, Stuttgart und Köln kamen insgesamt 174 325 Fans. Dabei waren die Stadien in München (66 000 Plätze) und in Stuttgart (59 700 Plätze) vollständig ausverkauft. /4,5

Frage: Wie viele Fans waren es in Köln?

Rechnung:

Antwort: ________________________________

Notenschlüssel:

1	2	3	4	5	6
40–37	36,5–31	30,5–25	24,5–16	15,5–8	7,5–0

Ich habe ________ Minuten gebraucht.

Ich habe ________ Punkte erreicht.

Note: ________

Lernzielkontrolle 4

Raum und Form/Geometrie:
Körperformen erkennen und beschreiben; Quader fertig zeichnen; Quadernetze erkennen; Würfelbauten verstehen und Baupläne zeichnen

Zeit: 40–45 Minuten

1 Trage in folgende Tabelle die Namen der Körper und die Anzahl ihrer Ecken, Kanten und Flächen ein. /10

Körper	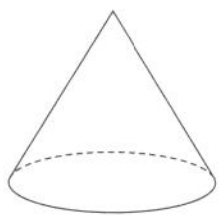	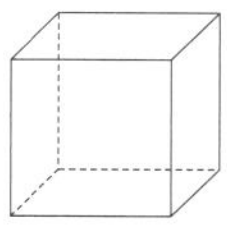	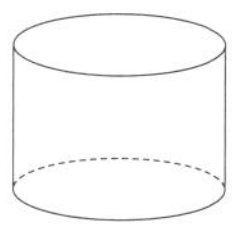	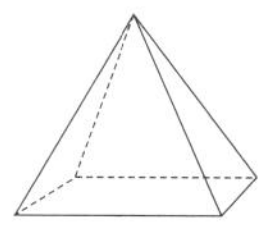	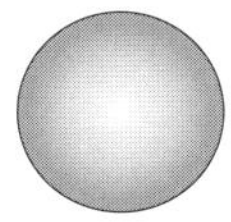
Name					
Anzahl der Flächen					
Anzahl der Ecken					
Anzahl der Kanten					

2 Ergänze folgenden Text. /3

Auch der Quader ist ein Körper.

Er hat ______ Flächen, ______ Ecken und ______ Kanten.

Jede Seitenfläche ist ein ______________.

Alle ______________ Kanten sind gleich ______________.

3 Zeichne diese Quader fertig. Man soll alle Kanten sehen. /4

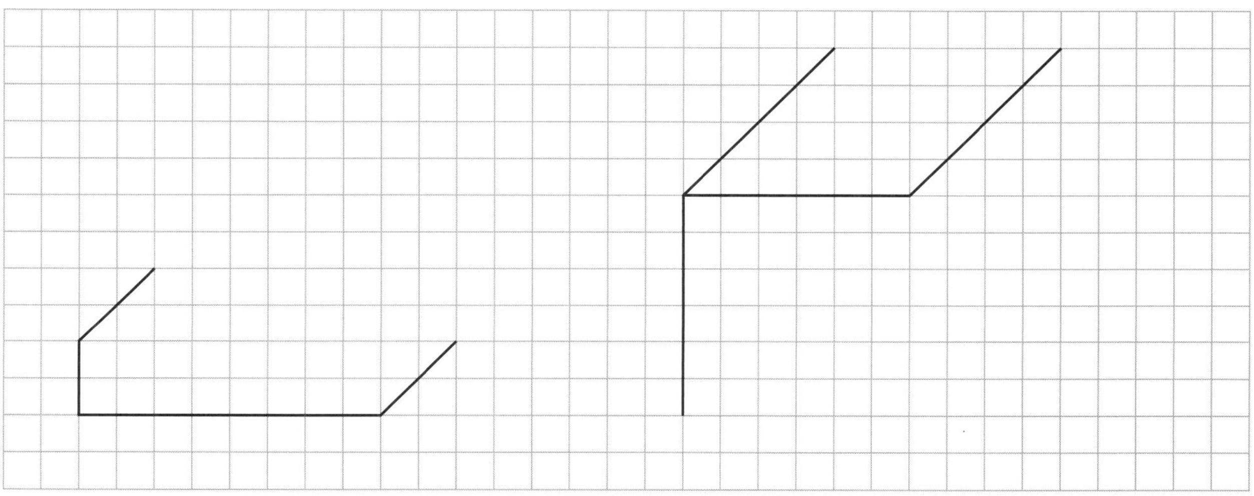

4 Aus welchen Netzen kannst du einen Quader bauen?
Streiche die falschen Netze durch. /4

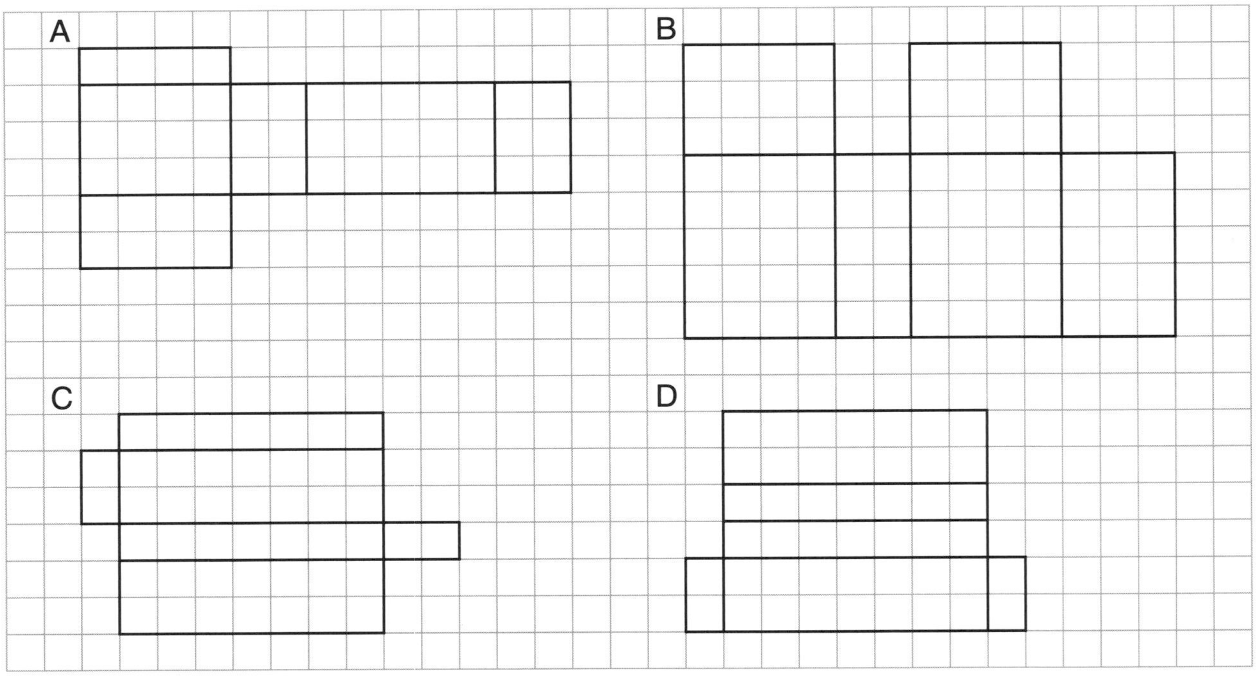

5 Ein Quader wurde zur Hälfte angemalt.
Zeichne in das Quadernetz auch die halb gefärbten Flächen ein. /3

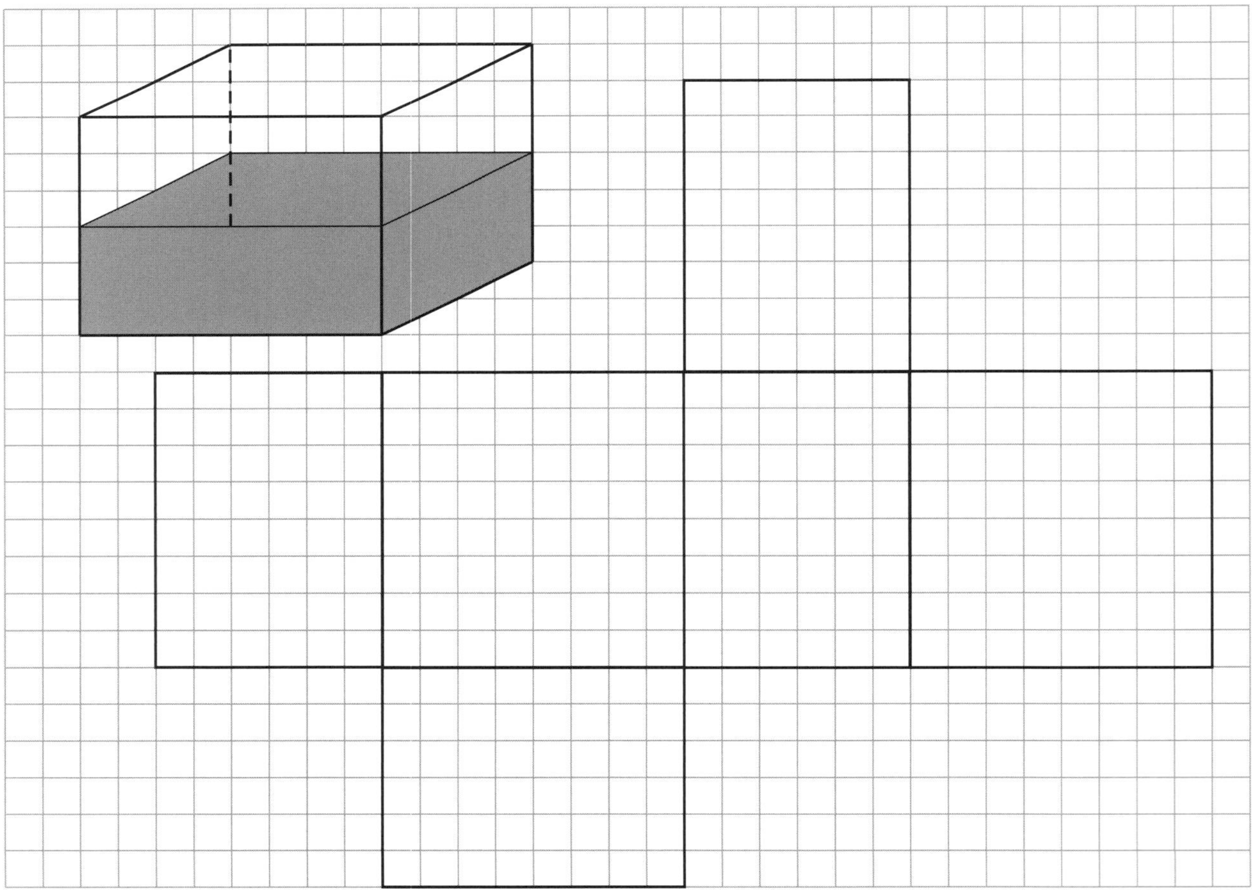

6 Aus wie vielen Würfeln bestehen diese Körper? /3

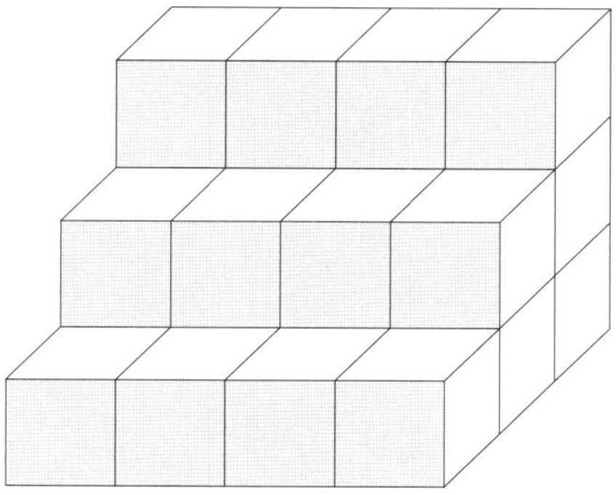

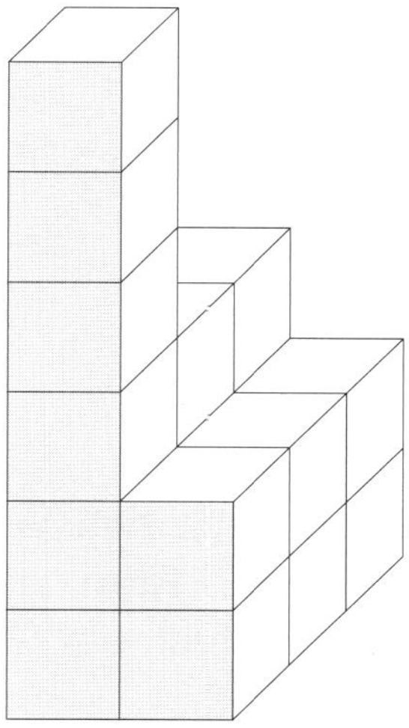

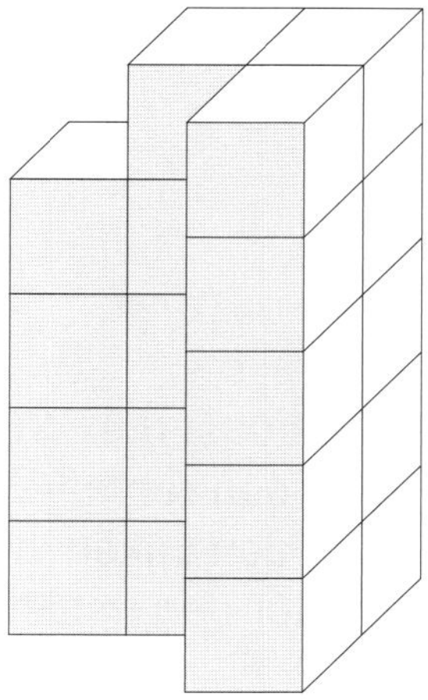

A: __________ B: __________ C: __________

7 Zeichne die Baupläne zu den drei Körpern von Nummer 6. /3

Körper A 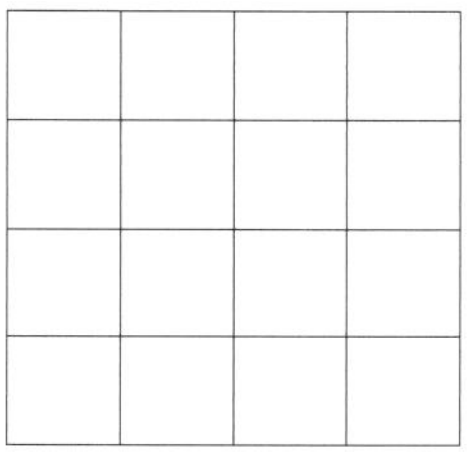

Körper B 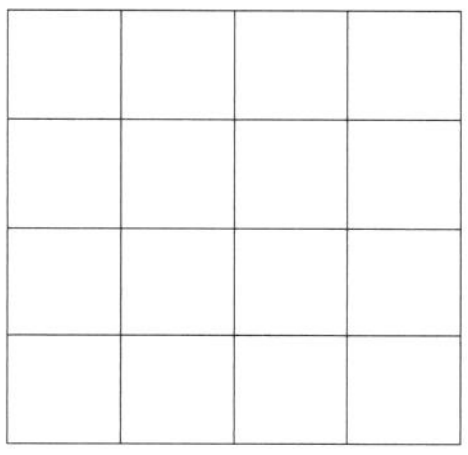

Körper C 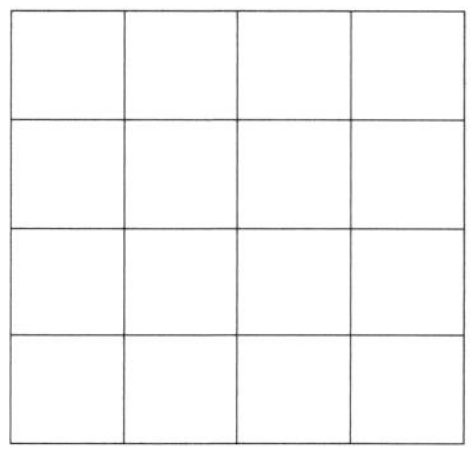

8 Sieh dir die folgenden Körper genau an. /2

Wie viele Würfel sind hier sichtbar?

Körper A

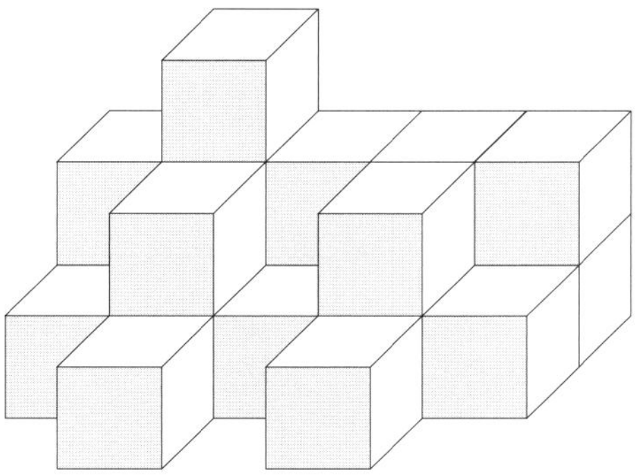

sichtbare Würfel: __________

Wie viele Würfel sind bei dieser Sicht auf den Körper verdeckt?

Körper B

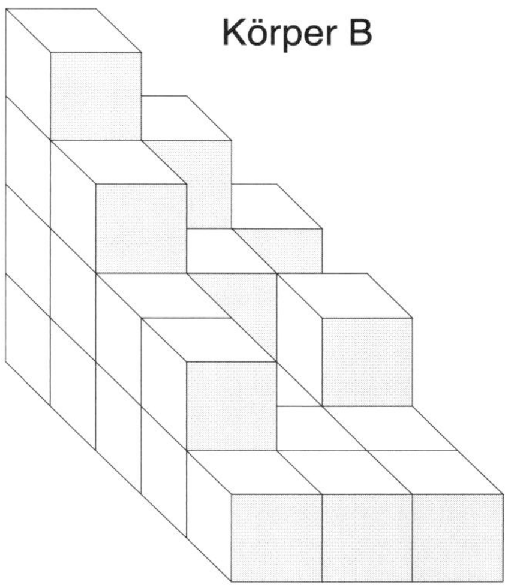

verdeckte Würfel: __________

9 Für welche Körper brauchst du mehr als fünf Würfel? Kreuze an. /2

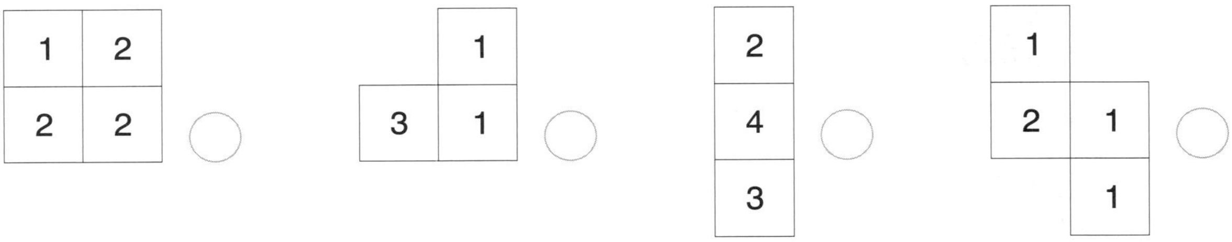

10 Du baust drei Würfel nebeneinander.
Auf den rechten Würfel stellst du noch zwei Würfel.
Vor den linken Würfel baust du einen Turm aus vier Würfeln.
Hinter den mittleren Würfel kommt noch ein Turm aus zwei Würfeln.

a Wie viele Würfel brauchst du insgesamt? /1

____

b Zeichne den Bauplan zu dem beschriebenen Körper. /2

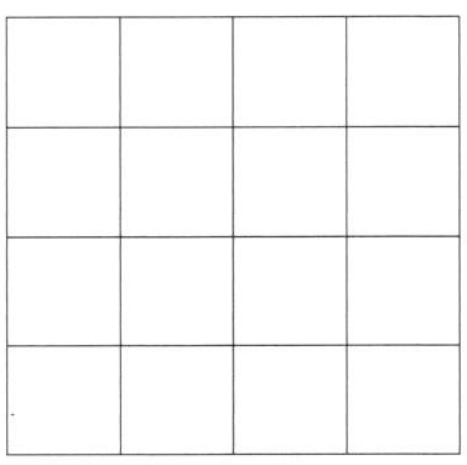

11 Wie viele Würfel passen in die Schachtel? /3

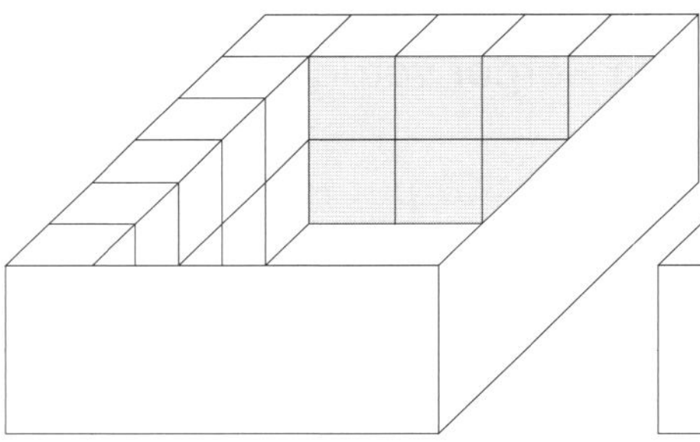

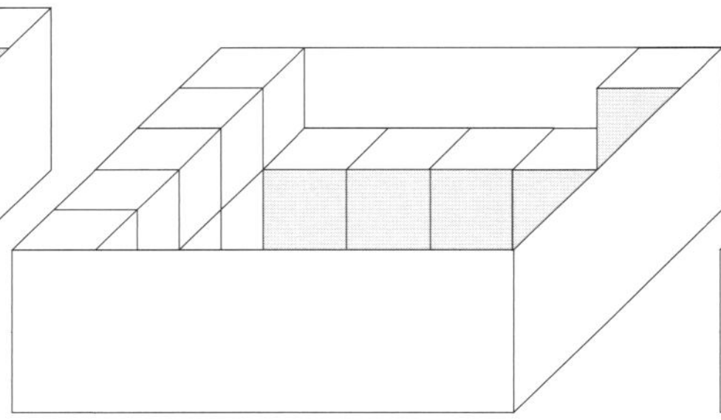

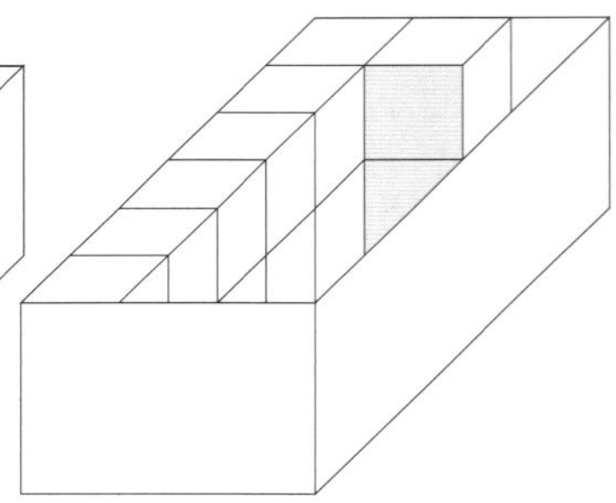

A: ____________ B: ____________ C: ____________

Notenschlüssel:

1	2	3	4	5	6
40–37	36,5–31	30,5–25	24,5–16	15,5–8	7,5–0

Ich habe ________ Minuten gebraucht.

Ich habe ________ Punkte erreicht.

Note: ________

Lernzielkontrolle 5

Zahlen und Operationen: malnehmen und teilen; Platzhalteraufgaben lösen; schriftlich malnehmen; Überschlag berechnen; Zahlenrätsel lösen;
Größen und Messen: rechnen und Sachaufgaben lösen mit Geld und Längen

Zeit: 45–50 Minuten

1 Rechne. Achte auf die Anzahl der Nullen. /4

60 · 70 = ______ 8 · 80 = ______ 50 000 · 6 = ______

300 · 9 = ______ 90 · 8 000 = ______ 40 000 : 5 = ______

120 000 : 4 = ______ 5 600 : 70 = ______

2 Rechne. Achte auf die Merkzahlen. /6

1754 · 3 6847 · 7 4302 · 9

31124 · 4 73198 · 8 57650 · 5

3 Berechne zunächst für alle vier Aufgaben den Überschlag.
Rechne dann nur die Aufgaben, deren Überschlagsergebnis über 50 000 liegt. /6

8073 · 6 Ü: ______ 9041 · 7 Ü: ______

7812 · 8 Ü: ______ 5420 · 9 Ü: ______

4 Rechne. Achte auf das Komma. /6

6,23 € · 4 8,72 € · 6 14,02 € · 8

37,34 € · 7 280,06 € · 9 3809,08 € · 3

5 Nun multipliziere mit mehrstelligen Zahlen. /6

2748 · 85   3799 · 53   3572 · 217

6 Finde die fehlenden Ziffern. /3

5 _ 2 _ · 4
2 1 6 _ 4

7 _ 3 8 · _
4 _ 2 2 8

7 Verdreifache die Zahl 371 und multipliziere das Ergebnis anschließend mit 8. /2

8 Ein Trimm-Dich-Pfad ist 1 650 m lang. Jens läuft täglich drei Runden. /2,5

Frage: Wie viele Kilometer läuft Jens in einer Woche?

Rechnung:

Antwort: ______________________

9 Ramona kauft für ihre Geburtstagsfeier 5 Packungen Salzgebäck zu je 1,29 € und 4 Packungen Schokonüsse zu je 2,68 €. /5,5

Frage: Wie viel muss sie bezahlen?
Fülle den Rechenbaum dazu aus und rechne.

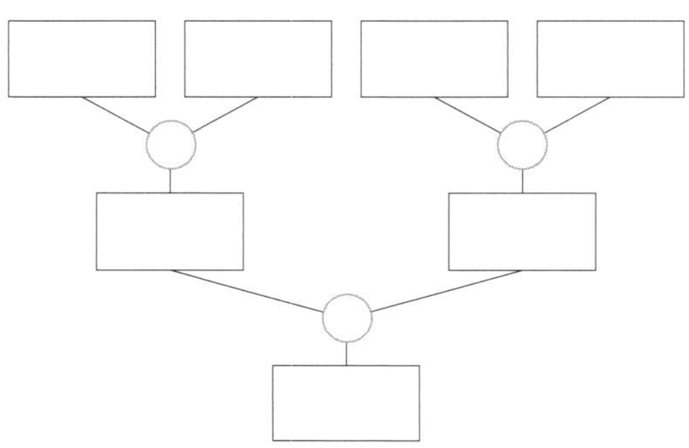

Rechnung:

Antwort: ______________________

10 Im Stadttheater kosten die Karten in der Preisklasse A 24 €, in Preisklasse B kosten sie 16 €. Kinder zahlen jeweils die Hälfte.

a Herr Schön und seine Freund*innen kaufen Karten der Preisklasse A. Sie sind zusammen 7 Erwachsene und 6 Kinder. /3,5

Frage: Wie viel müssen sie bezahlen?

Rechnung:

Antwort: ______________________

b Die Klasse 4b kauft für ihre 18 Schülerinnen und Schüler und die Lehrerin Karten der Preisklasse B. /2,5

Frage: Wie viel müssen sie bezahlen?

Rechnung:

Antwort: ______________________

Notenschlüssel:

1	2	3	4	5	6
47–43	42,5–36,5	36–29	28,5–19	18,5–9,5	9–0

Ich habe __________ Minuten gebraucht.

Ich habe __________ Punkte erreicht.

Note: __________

Lernzielkontrolle 6

Größen und Messen: Hohlmaße der Größe nach ordnen, ergänzen, umwandeln, vergleichen und zuordnen; rechnen und Sachaufgaben lösen mit Hohlmaßen
Daten: Diagramm lesen und ergänzen; Tabelle vervollständigen

Zeit: 45–50 Minuten

1 Diese Gefäße werden mit Wasser gefüllt.
Welche Wassermenge passt zu welchem Gefäß? Verbinde. /4

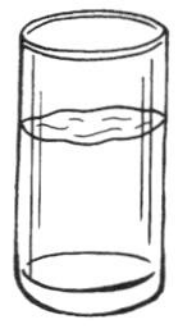

5 ℓ   500 mℓ   50 ℓ   250 mℓ

2 Wie viele mℓ sind es? /8

$\frac{1}{4}$ ℓ = ______ $\frac{1}{2}$ ℓ = ______ $\frac{1}{8}$ ℓ = ______ $\frac{3}{4}$ ℓ = ______

0,4 ℓ = ______   0,01 ℓ = ______   2,5 ℓ = ______   0,15 ℓ = ______

3 Ergänze zu einem Liter. Gib die Zahl in mℓ an. /8

820 mℓ + ______ = 1 ℓ   33 mℓ + ______ = 1 ℓ

7 mℓ + ______ = 1 ℓ   4 mℓ + 225 mℓ + ______ = 1 ℓ

0,4 ℓ + ______ = 1 ℓ   0,125 ℓ + 0,3 ℓ + ______ = 1 ℓ

$\frac{3}{8}$ ℓ + ______ = 1 ℓ $\frac{1}{2}$ ℓ + $\frac{1}{8}$ ℓ + $\frac{1}{8}$ ℓ + ______ = 1 ℓ

4 Setze ein: <, >, = /6

225 mℓ ◯ $\frac{1}{8}$ ℓ   0,9 ℓ ◯ 99 mℓ   200 mℓ ◯ 2 ℓ

1,4 ℓ ◯ 1 400 mℓ $\frac{3}{4}$ ℓ ◯ 0,34 ℓ   70 mℓ ◯ 0,7 ℓ

5 Ordne die Hohlmaße der Größe nach. Beginne mit dem kleinsten.
(Wandle dazu zunächst alle Angaben in eine Einheit um.) /4

43 ℓ   430 ℓ   4 ℓ 330 mℓ   0,33 ℓ   4,03 hℓ   0,034 ℓ   3 400 mℓ   340 ℓ

____

____

6 Rechne und wandle das Ergebnis dann in Hektoliter (*hl*) um. /4

5 890 ℓ + 3 510 ℓ = ________ ℓ = ______ *hl*   7 470 ℓ + 1 380 ℓ = ________ ℓ = ______ *hl*

7 250 ℓ + 2 650 ℓ = ________ ℓ = ______ *hl*   8 300 ℓ + 4 750 ℓ = ________ ℓ = ______ *hl*

7 Setze richtig ein. Gib die Zahl in Litern an.

a doppelt so viel wie … $\frac{3}{4}$ ℓ ist ________ … 6,5 ℓ ist ________ /2

b halb so viel wie … $\frac{1}{4}$ ℓ ist ________ … 2,5 ℓ ist ________ /2

c passt viermal in … $\frac{1}{2}$ ℓ: ________ … 3 ℓ: ________ /2

8 Bei der Wetterbeobachtung werden die Niederschlagsmengen aufgezeichnet. In folgendem Diagramm sind die durchschnittlichen Niederschläge in Schönhausen während der Monate Dezember bis Mai aufgezeichnet (Liter pro Quadratmeter).

a Lies die Niederschlagsmengen richtig ab und trage sie in die Tabelle auf der nächsten Seite ein. /2,5

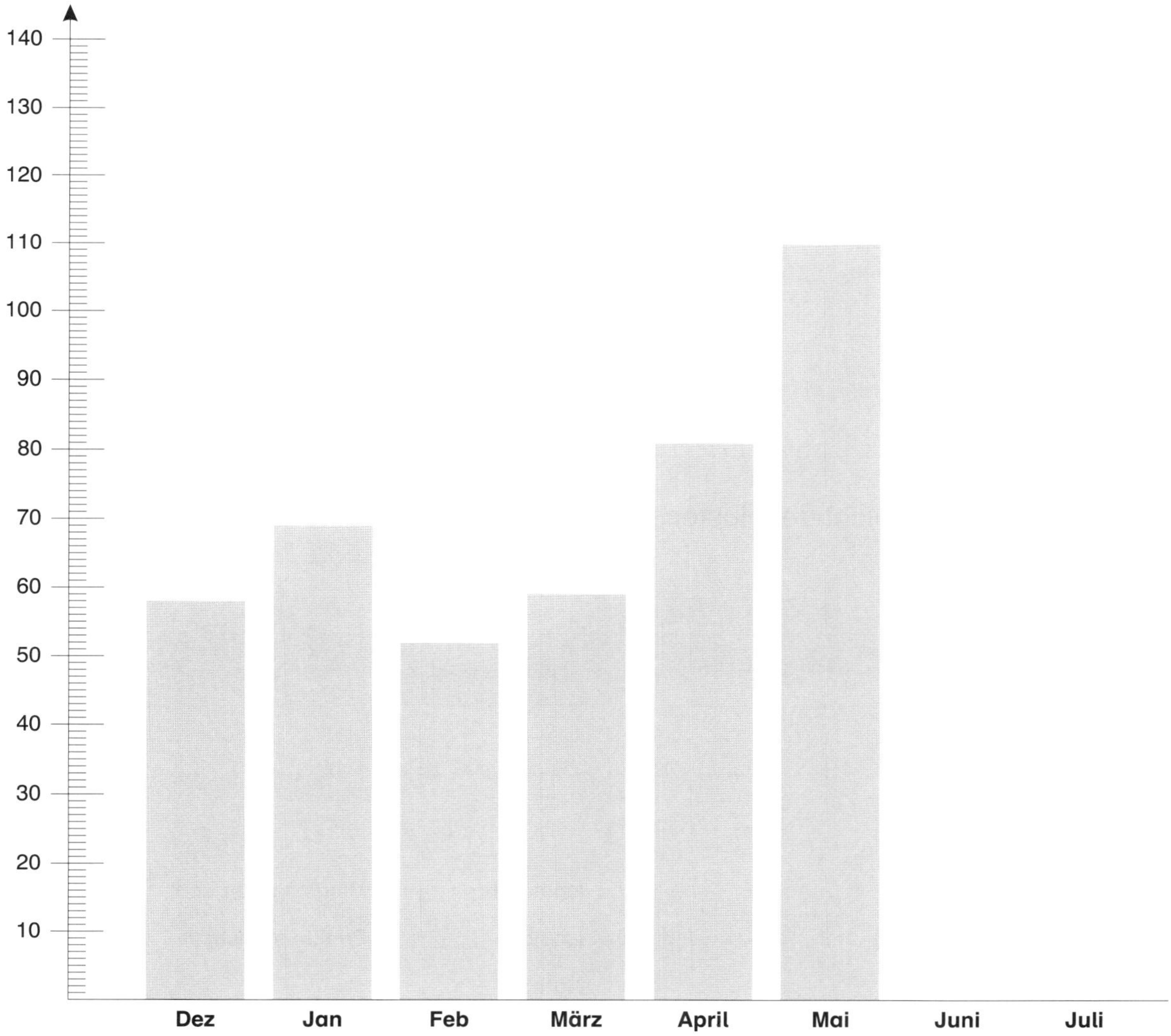

Monat	Dez	Jan	Feb	März	April	Mai
Niederschlagsmenge	58					

b Zeichne in das Diagramm noch folgende Niederschlagsmengen ein:
Juni: 132 ℓ, Juli: 117 ℓ /2

9 Eva duscht täglich und verbraucht dabei jeden Tag 75 ℓ Wasser.
Tom badet dreimal in der Woche und verbraucht pro Bad 180 ℓ Wasser. /3,5

Frage: Wie viele Liter Wasser verbraucht Tom pro Woche mehr als Eva?

Rechnung:

Antwort: ______

10 Der Arzt verschreibt Niko einen Hustensaft gegen seinen Husten. In der Flasche sind insgesamt 150 mℓ Hustensaft. Niko nimmt dreimal täglich einen Messlöffel vom Hustensaft. Ein Messlöffel Saft sind 5 mℓ. Nach einer Woche ist der Husten schon viel besser. Doch der Arzt empfiehlt Niko, den Saft noch zu Ende zu nehmen.

a Wie viele mℓ Saft sind nach einer Woche noch übrig? /3,5

Antwort: ______

b Für wie viele Tage reicht der Hustensaft insgesamt? /2,5

Antwort: ______

Notenschlüssel:

1	2	3	4	5	6
54–49,5	49–42	41,5–33,5	33–21,5	20–11	10,5–0

Ich habe ______ Minuten gebraucht.

Ich habe ______ Punkte erreicht.

Note: ______

Lernzielkontrolle 7

Zahlen und Operationen: schriftlich teilen mit und ohne Rest; teilen im Kopf; Überschlag berechnen;
Größen und Messen: Sachaufgaben mit Euro und Cent lösen

Zeit: 40–45 Minuten

1 Rechne im Kopf. /6

24 000 : 8 = ______ 35 000 : 5 = ______ 28 000 : 7 = ______

3 200 : 4 = ______ 6 300 : 9 = ______ 1 800 : 3 = ______

2 Berechne zu jeder Aufgabe zunächst den Überschlag und rechne dann genau. /6

19 456 : 4 = 511 567 : 7 =

Ü: ______ Ü: ______

3 Teile schriftlich. Es kann ein Rest bleiben. /8

39 862 : 6 = 173 805 : 5 =

50 868 : 8 =

792 449 : 9 =

4 Teile nun durch zweistellige Zahlen. /4

68 706 : 11 =

486 795 : 15 =

5 Sind folgende Aussagen zur Teilbarkeit richtig? Schreibe „wahr" oder „falsch". /3

32 701 ist durch 2 teilbar ____________

40 615 ist durch 5 teilbar ____________

44 833 ist durch 3 teilbar ____________

6 Kreise die Zahlen, die ohne Rest durch 9 teilbar sind, grün ein.
Zahlen, die durch 4 teilbar sind, kreise blau ein. /4

552 7 504 1 638 15 024 6 384 17 230 330 048

7 Für einen Kindergeburtstag kauft die Mutter eine Tüte mit Geduldspielen.
Die Tüte enthält 8 Spiele und kostet 29,20 €. /2,5

Frage: Wie viel kostet ein einzelnes Spiel?

Rechnung:

Antwort: ____

8 Zum Geburtstag bekommt die Oma von ihren 8 Enkeln eine CD-Sammlung für 50 €. /2,5

Frage: Wie viel € muss jeder Enkel bezahlen?

Rechnung:

Antwort: ______

9 Herr Hansen kauft ein Auto für 17 600 €.
10 000 € bezahlt er sofort, den Rest in 8 Monatsraten. /3,5

Frage: Wie hoch ist eine Monatsrate?

Rechnung:

Antwort: ______

10 Sabrina möchte sich ein Fahrrad für 249,50 € kaufen. Sie hat schon 75 € gespart. Von ihrer Oma und ihren Eltern bekommt sie zum Geburtstag jeweils 50 €. Sabrina rechnet und stellt fest: „Wenn ich noch 10 Wochen jeweils 7,50 € spare, habe ich genug Geld für das Fahrrad." Stimmt das? /4,5

Frage: Wie viel € hat Sabrina nach 10 Wochen?

Rechnung:

Antwort: ______

Notenschlüssel:

1	2	3	4	5	6
44–40,5	40–34,5	34–27,5	27–17,5	17–9	8,5–0

Ich habe ______ Minuten gebraucht.

Ich habe ______ Punkte erreicht.

Note: ______

Lernzielkontrolle 8

Raum und Form/Geometrie: Drehpunkte einzeichnen; Figuren drehen, nach Vorschrift verschieben und zu symmetrischen Figuren ergänzen; Geraden nach vorgegebenen Kriterien zeichnen; Symmetrieachsen einzeichnen

Zeit: 30–40 Minuten

1 Verschiebe nach Vorschrift. /4

a 3 →, 2 ↑ b 4 ↓, 5 ←

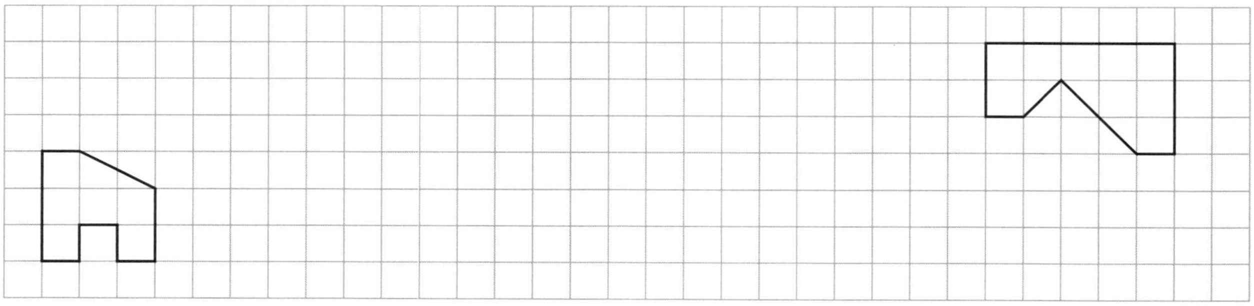

2 Nach welcher Vorschrift wurden diese Figuren verschoben? /4

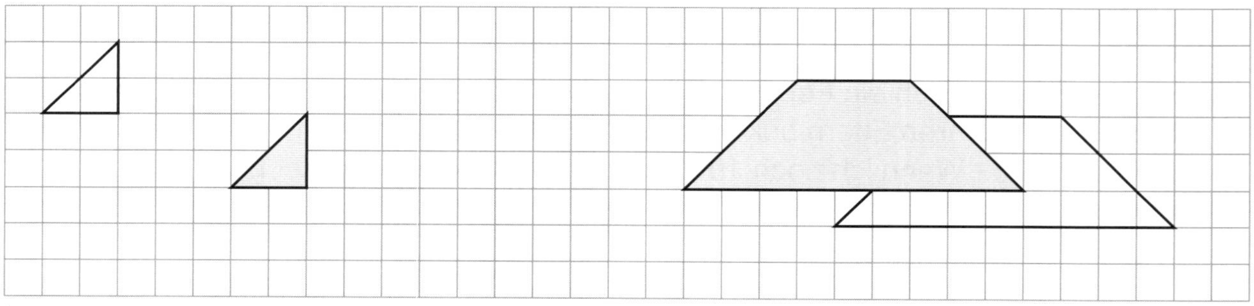

a ______________________ b ______________________

3 Welche Figuren haben eine oder mehrere Symmetrieachsen?
Zeichne alle Achsen mit einem Buntstift ein. /5

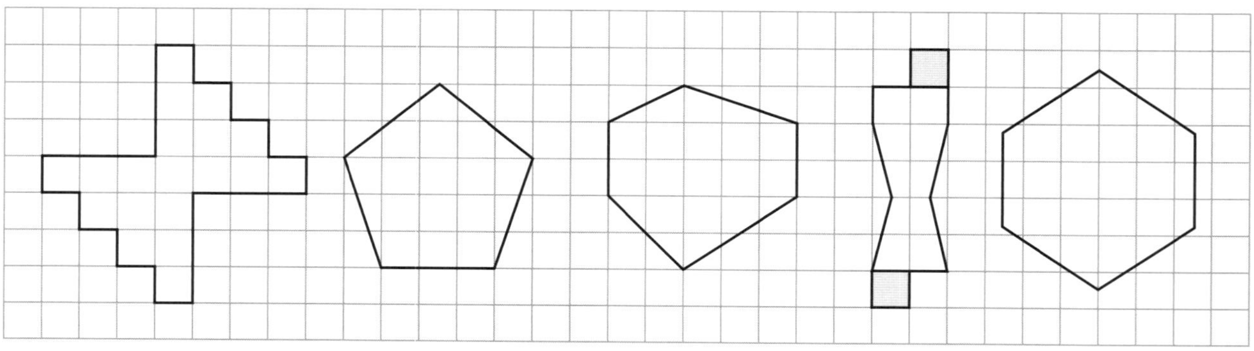

4 Ergänze zu symmetrischen Figuren. /6

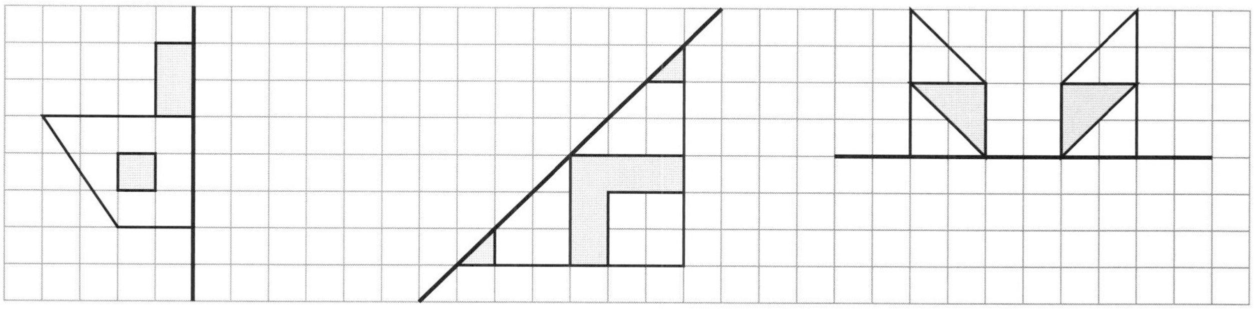

5 Drehe die Grundfigur um den vorgegebenen Drehpunkt und zeichne sie nach jeder Vierteldrehung. /6

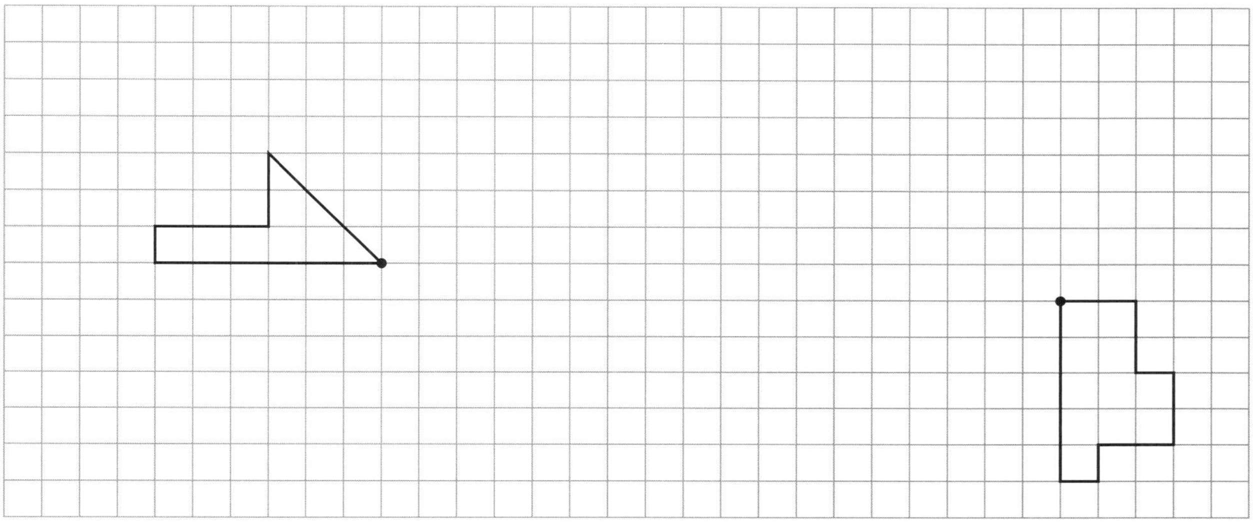

6 Entscheide, ob folgende Figuren drehsymmetrisch sind. Wenn ja, zeichne den Drehpunkt ein. Streiche die Figuren durch, die nicht drehsymmetrisch sind. /4

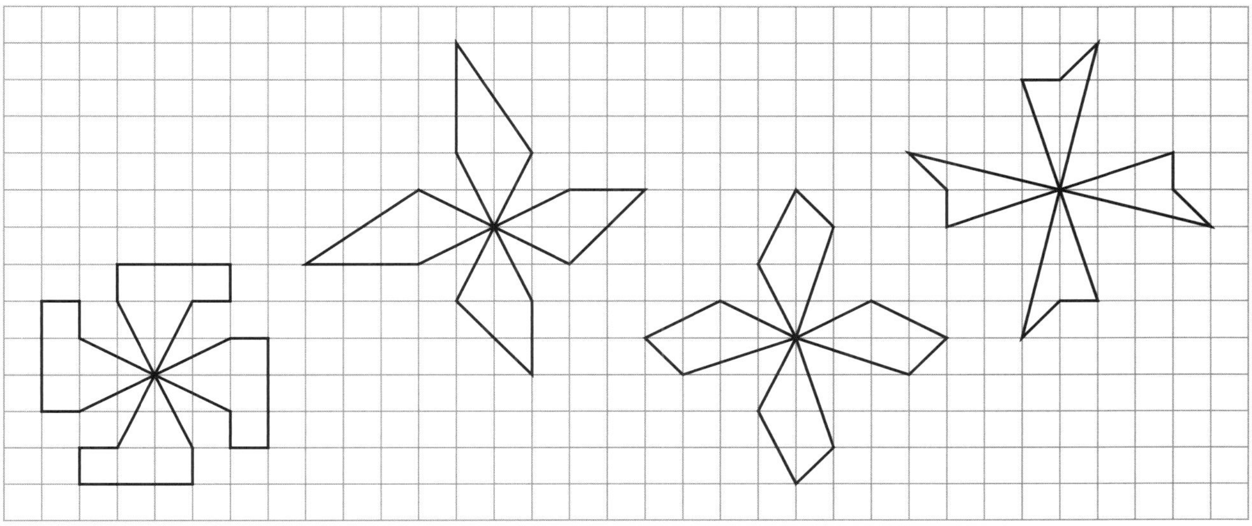

7 Zeichne zwei Geraden, die zu der gegebenen Geraden parallel sind. /2

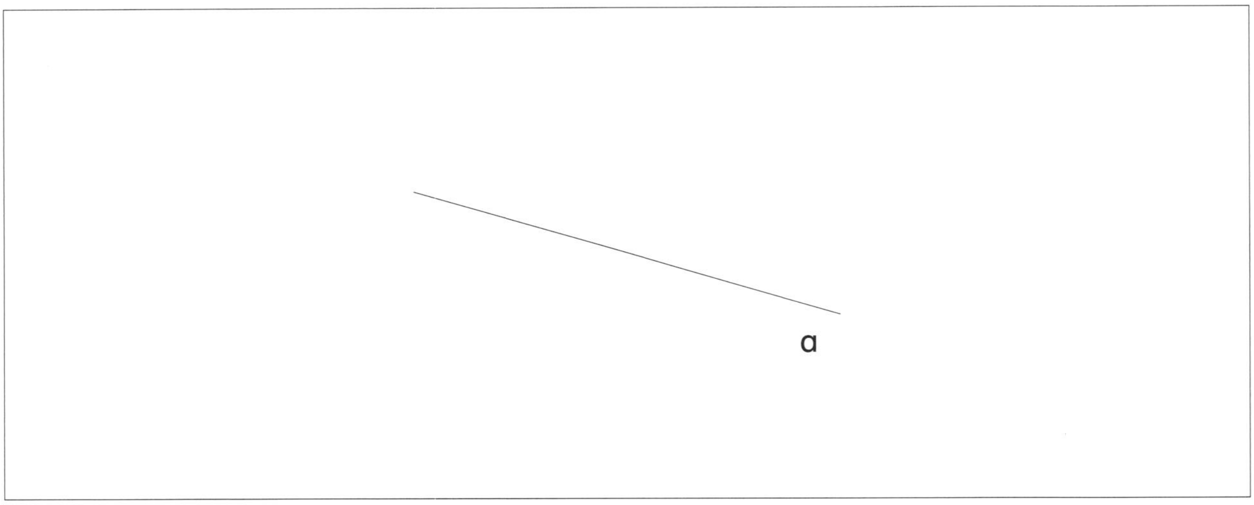

8 Zeichne zwei Geraden, die auf der gegebenen Geraden senkrecht stehen. /2

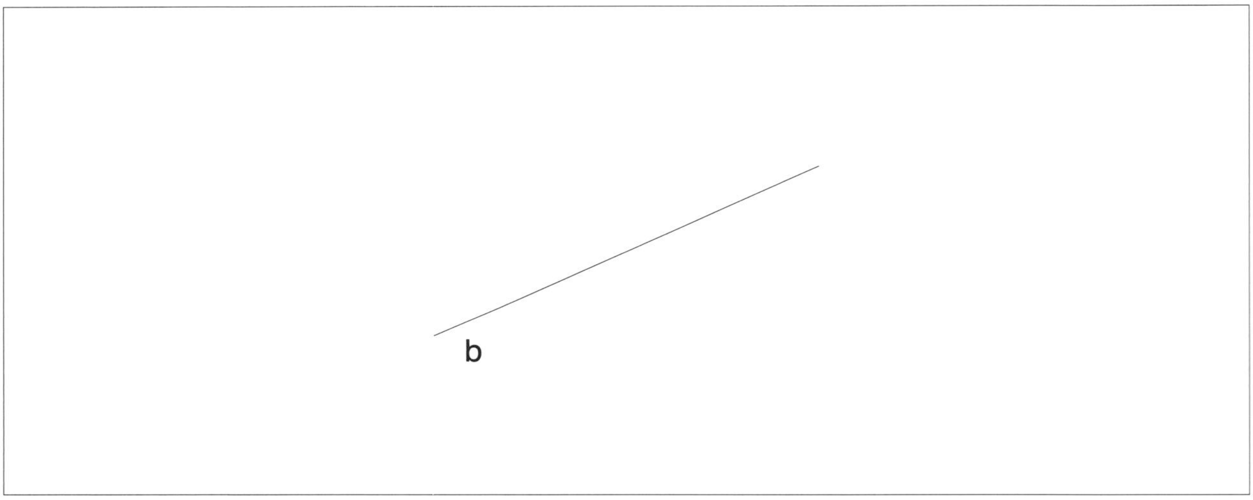

Notenschlüssel:

1	2	3	4	5	6
33–30,5	30–26	25,5–20,5	20–13	12,5–6,5	6–0

Ich habe ________ Minuten gebraucht.

Ich habe ________ Punkte erreicht.

Note: ________

Lernzielkontrolle 9

Raum und Form/Geometrie:
maßstabsgetreu zeichnen; nach Maßstab umrechnen; Maßstäbe erklären; Stadtplan lesen und Planquadrate nutzen

Zeit: 45–50 Minuten

1 Hier siehst du einen Stadtplan von München. In welchem Planquadrat befindet sich …

a der Marstallplatz? ____________________ /1

b der Karlsplatz (Stachus)? ____________________ /1

c der Sendlinger-Tor-Platz? ____________________ /1

d der Viktualienmarkt? ____________________ /1

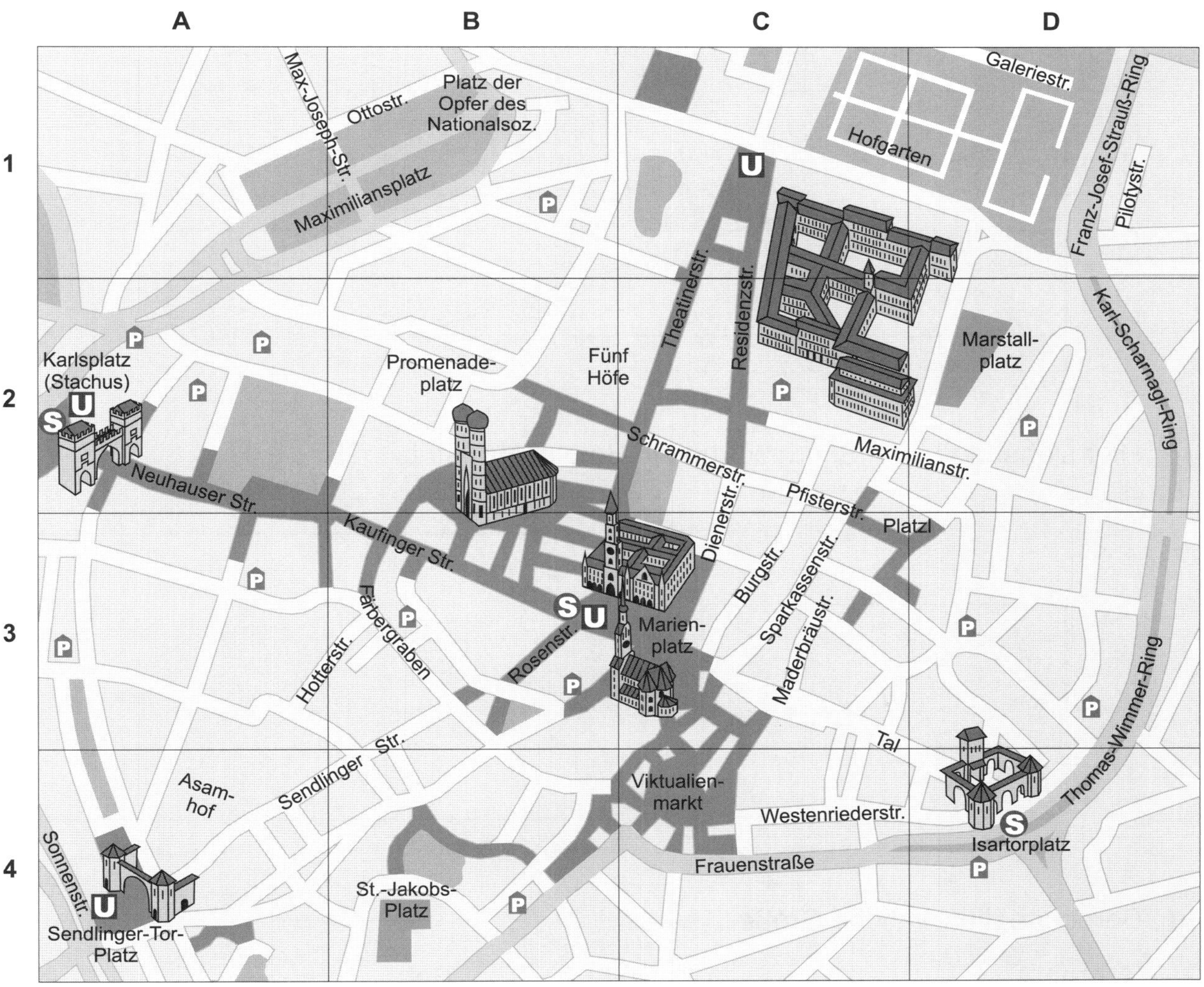

2 Entscheide mithilfe des Stadtplans von Aufgabe 1, ob folgende Aussagen wahr oder falsch sind, und schreibe es dahinter. /4

Der Hofgarten liegt am Isartor. ____________

Der kürzeste Weg vom Marienplatz zum Isartor führt über die Burgstraße. ____________

Die Maximilianstraße führt zum Viktualienmarkt. ____________

Die Frauenstraße liegt südlich vom Marienplatz. ____________

3 Im Waldbad Schönbrunn wird ein neues Wasserbecken gebaut.
Hier siehst du den Grundriss dafür im Maßstab 1:100.
Wie lang und wie breit ist das Becken im Grundriss und in Wirklichkeit? /4

Grundriss

Länge: ____________ Breite: ____________

Wirklichkeit

Länge: ____________ Breite: ____________

4 Verkleinere folgende Figur im Maßstab 1:3. /2

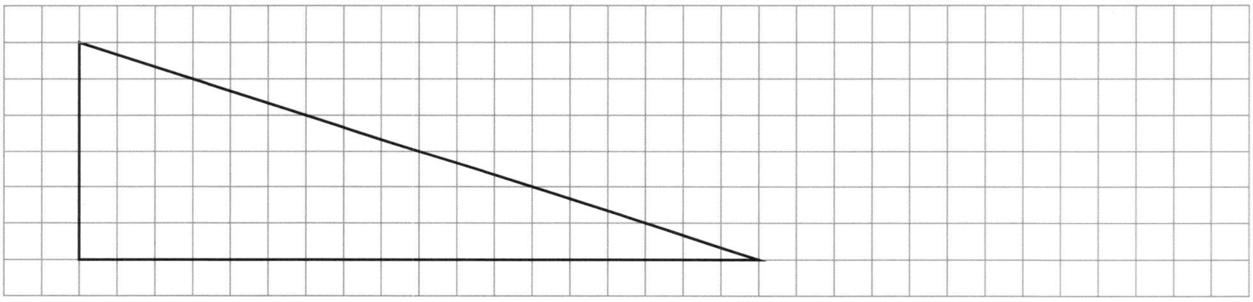

5 Hier siehst du einen Schrank und ein Bett im Maßstab 1:25.

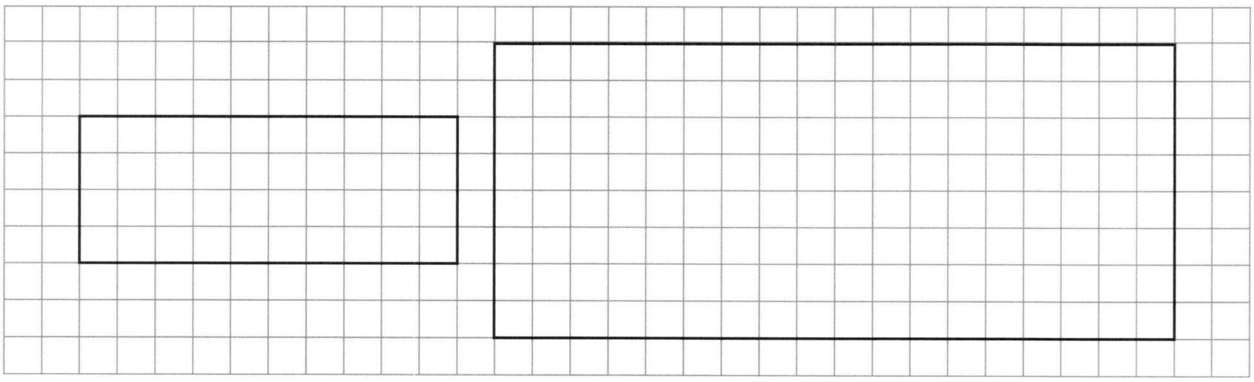

a Berechne die wirkliche Größe.

Schrank: ______________________ Bett: ______________________ /2

b Zeichne den Schrank im Maßstab 1:50. /1

6 Fülle folgende Tabellen richtig aus. /6

Maßstab 1:50

Bild	Wirklichkeit
3 cm	
	5 m (500 cm)

Maßstab 1:100

Bild	Wirklichkeit
5 cm	
	7 m

Maßstab 1:200

Bild	Wirklichkeit
	20 m (2 000 cm)
6 cm	

7 Für Karten werden größere Maßstäbe verwendet. Fülle auch hier die Tabellen aus.
Gib die wirkliche Länge in km an. /4

Maßstab 1:250 000

Bild	Wirklichkeit
2 cm	
	(2 500 000 cm =) 25 km

Maßstab 1:1 000 000

Bild	Wirklichkeit
8 cm	
	(3 500 000 cm =) 35 km

8 Maßstäbe werden nicht nur zum Verkleinern, sondern auch zum Vergrößern benutzt.

a Was bedeutet dann der Maßstab 20:1? /2

____

b Für welche Dinge ist eine Vergrößerung nützlich? Nenne auch ein Beispiel. /2

____

Notenschlüssel:

1	2	3	4	5	6
31–28,5	28–24,5	24–19,5	19–12,5	12–6,5	6–0

Ich habe ________ Minuten gebraucht.

Ich habe ________ Punkte erreicht.

Note: ________

Lernzielkontrolle 10

Zahlen und Operationen: aus vorgegebenen Ziffern Zahlen bilden; malnehmen, teilen, plus und minus rechnen; Zahlenrätsel lösen; **Größen und Messen:** rechnen und Sachaufgaben lösen mit Längen und Zeiten; **Wahrscheinlichkeiten:** Würfelaufgaben lösen

Zeit: 45–50 Minuten

1 Rechne. /9

a 418 $\xrightarrow{-82}$ ______ $\xrightarrow{:6}$ ______ $\xrightarrow{:7}$ ______

b 6 212 $\xrightarrow{-3\,917}$ ______ $\xrightarrow{:5}$ ______ $\xrightarrow{+61}$ ______

c 3 170 $\xrightarrow{\cdot 2}$ ______ $\xrightarrow{-1\,600}$ ______ $\xrightarrow{:4}$ ______

2 Löse die Zahlenrätsel.

a Wenn ich das Doppelte einer Zahl mal 8 nehme und von diesem Ergebnis 400 abziehe, erhalte ich 3 200. /3,5

Frage: Wie heißt die Zahl?

Rechnung:

Antwort: ______

b Wenn ich zum 3. Teil einer Zahl 149 addiere, erhalte ich das Vierfache der Zahl 115. /3,5

Frage: Wie heißt die Zahl?

Rechnung:

Antwort: ______________________________

3 Rechne aus. (Wandle zuerst in die kleinere Einheit um.)
Gib das Ergebnis in Kilometern an. /4

6 km 20 m + 6,2 km = ______________________________

9,5 km – 4 km 560 m = ______________________________

28 km 33 m + $3\frac{1}{2}$ km = ______________________________

13 200 m – 1,4 km = ______________________________

4 Drei Freunde machen einen Wettkampf beim Weitsprung.
Jan springt 55 cm weiter als Tim. Peter springt 70 cm weiter als Tim.
Die Weite von Jan beträgt 3 m 35 cm. /3

Frage: Wie weit ist Tim gesprungen und wie weit Peter?

Rechnung:

Antwort: ______________________________

5 Familie Reiser fährt im Urlaub mit dem Auto durch die Türkei. In den ersten drei Tagen legen sie 1 068 km zurück, in den nächsten vier Tagen 1 457 km.
Ihr Auto braucht 8 Liter Benzin pro 100 Kilometer.

a Wie viele Liter Benzin haben sie verbraucht? /4,5

____

b Wie oft müssen sie unterwegs tanken, wenn der Tank 60 Liter fasst und zu Beginn der Reise noch 15 Liter im Tank sind? /2,5

____

6 Frau Meier fährt im Auto mit einer Geschwindigkeit von 80 km/h, das heißt, sie fährt in einer Stunde 80 Kilometer.
Wie viele Kilometer fährt sie dann in … /2

a $\frac{1}{4}$ h: ____

b $1\frac{1}{2}$ h: ____

7 Nutze die Skizze und rechne.

a Herr Müller fährt von Stadt A nach Stadt E mit einer Geschwindigkeit von 80 km/h.
Wie lange braucht er für die gesamte Strecke? /2,5

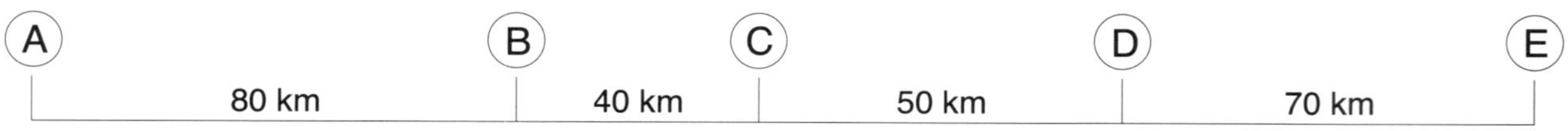

Rechnung: ____

Antwort: ____

b Am nächsten Tag fährt er von E nach A zurück. Zur gleichen Zeit startet seine Frau in A. Beide fahren 80 km/h. Zeichne in der Skizze ein, wo sich beide treffen werden. /1

c Wie lange ist jeder von beiden gefahren? /2,5

____

8 Schreibe alle dreistelligen Zahlen auf, die du mit den Ziffern 3, 6 und 7 bilden kannst. /3

____

9 Du würfelst mit drei Würfeln gleichzeitig und zählst dann die gewürfelten Augen zusammen. /2

Beispiel:  4 + 2 + 1 = 7

Gib die kleinste und die größte Zahl an, die du auf diese Weise würfeln kannst.

kleinste Zahl: ________________ größte Zahl: ________________

10 Du hast die Zahl 12 erwürfelt. Zeichne vier Möglichkeiten auf, die zur Zahl 12 führen. /4

11 Du würfelst wieder mit drei Würfeln.
Welche der drei Aussagen ist am wahrscheinlichsten? /3

Nummeriere:
1 = große Wahrscheinlichkeit
2 = geringe Wahrscheinlichkeit
3 = sehr geringe Wahrscheinlichkeit

„Ich werde eine Zahl zwischen 3 und 6 würfeln.“ __________

„Ich werde eine Zahl zwischen 10 und 13 würfeln.“ __________

„Ich werde genau die Zahl 18 würfeln.“ __________

12 In einem Beutel sind vier gelbe Bonbons und fünf rote Bonbons.

a Du greifst dreimal hintereinander hinein.
Male alle möglichen Kombinationen (Farbe der gezogenen Bonbons) auf.
Schreibe für rote Bonbons r und für gelbe Bonbons g. /4

b Wie oft musst du höchstens hineingreifen, damit du sicher ein rotes Bonbon hast? /1

____

Notenschlüssel:

1	2	3	4	5	6
55–50,5	50–43	42,5–34	33,5–22	21,5–11	10,5–0

Ich habe ________ Minuten gebraucht.

Ich habe ________ Punkte erreicht.

Note: ________

Rechnen

Zahlen bis 1 000 000

1 a

T	H	Z	E
4	**3**	**7**	**3**

b

ZT	T	H	Z	E
3	**4**	**5**	**4**	**4**

c

HT	ZT	T	H	Z	E
2	**4**	**2**	**7**	**5**	**1**

d

M	HT	ZT	T	H	Z	E
3	**4**	**3**	**3**	**2**	**5**	**3**

2

	M	HT	ZT	T	H	Z	E
a	5	3	4	5	8	0	2
b	3	8	2	7	4	2	1
c	1	6	8	4	2	5	4
d	8	3	3	3	9	1	0
e	2	4	0	9	0	1	7
f	4	0	7	6	4	8	1
g		9	9	4	7	0	4
h	5	3	3	7	8	4	4
i		7	0	0	9	4	4
j	8	0	0	2	0	0	9
k	2	9	0	4	0	8	3

3 a Welches ist die höchste Zahl? **987 543**
b Welches ist die kleinste Zahl? **345 789**
c Welche Zahl ist es? **498 753**

4 5 000, 5 100, **5 200**, **5 300**, **5 400**, **5 500**, **5 600**, **5 700**, **5 800**, 5 900, 6 000
7 200, 7 300, **7 400**, **7 500**, **7 600**, **7 700**, **7 800**, **7 900**, **8 000**
6 100, 6 200, **6 300**, **6 400**, **6 500**, **6 600**, **6 700**, **6 800**, **6 900**, **7 000**
9 300, 9 400, **9 500**, **9 600**, **9 700**, **9 800**, **9 900**, **10 000**

5 327 900, 327 910, **327 920**, **327 930**, **327 940**, **327 950**, **327 960**, **327 970**, **327 980**, **327 990**, 328 000
684 930, 684 940, **684 950**, **684 960**, **684 970**, **684 980**, **684 990**, **685 000**
999 920, 999 930, **999 940**, **999 950**, **999 960**, **999 970**, **999 980**, **999 990**, **1 000 000**
469 950, 469 960, **469 970**, **469 980**, **469 990**, **470 000**

Zahlen vergleichen und runden

6

a			b		
456 128	<	516 892	950 000 – 5	>	900 000
843 865	>	682 197	800 000 + 10	=	800 010
399 999	<	400 000	650 000 – 1	=	649 999
201 102	<	202 001	900 000 + 50	<	900 500
578 540	=	578 540	650 000 – 3	>	649 977

7 a

9 000	9 465	10 000	**16 000**	16 765	**17 000**
7 000	7 278	**8 000**	**86 000**	86 159	**87 000**
2 000	2 041	**3 000**	**32 000**	32 204	**33 000**

b

80 000	87 315	90 000	**970 000**	975 851	**980 000**
60 000	61 763	**70 000**	**360 000**	360 512	**370 000**
90 000	91 401	**100 000**	**560 000**	564 782	**570 000**

c

600 000	645 536	700 000	**200 000**	206 891	**300 000**
100 000	138 642	**200 000**	**400 000**	487 605	**500 000**
800 000	805 261	**900 000**	**900 000**	961 500	**1 000 000**

8 a

250 + **750** = 1 000
875 + **125** = 1 000
425 + **575** = 1 000
550 + **450** = 1 000
625 + **375** = 1 000
398 + **602** = 1 000

b

250 000 + **750 000** = 1 000 000
875 000 + **125 000** = 1 000 000
425 000 + **575 000** = 1 000 000
550 000 + **450 000** = 1 000 000
625 000 + **375 000** = 1 000 000
398 000 + **602 000** = 1 000 000

Die eingesetzten Zahlen unterscheiden sich nur in der Anzahl der Nullen.

9

a	750 + **250** = 1 000	68 750 + **250** = 69 000
b	854 + **146** = 1 000	23 854 + **146** = 24 000
c	368 + **632** = 1 000	43 368 + **632** = 44 000
d	628 + **372** = 1 000	16 628 + **372** = 17 000
e	197 + **803** = 1 000	77 197 + **803** = 78 000
f	282 + **718** = 1 000	85 282 + **718** = 86 000
g	458 + **542** = 1 000	89 458 + **542** = 90 000
h	112 + **888** = 1 000	52 112 + **888** = 53 000

Die ergänzten Zahlen sind in einer Teilaufgabe immer gleich, da die Hunderter-, Zehner- und Einerstelle auch gleich ist.

Plus- und Minusrechnen

10

a

1 6 8 2	2 4 7 6	8 3 6 4	3 9 2 4
+ $6_1 5_1 4$ 7	+ 6 $0_1 8_1 5$	+ $3_1 6_1 9_1 7$	+ $1_1 6_1 9_1 8$
8 2 2 9	8 5 6 1	1 2 0 6 1	5 6 2 2

b

6 0 8 5	3 4 5 6	8 3 4 9	2 9 8 7
+ 4 $3_1 8_1 6$	+ $4_1 8$ 4 3	+ 1 $3_1 6_1 4$	+ $3_1 9_1 5$ 1
1 0 4 7 1	8 2 9 9	9 7 1 3	6 9 3 8

c

$2_1 7_1 6_1$ 1	7 $4_1 1_1$ 9	$8_1 3_1$ 5 9	5 8 9_1 1
− 1 8 6 3	− 1 0 6 3	− 4 6 6 6	− 3 8 7 8
8 9 8	6 3 5 6	3 6 9 3	2 0 1 3

d

$8_1 6_1$ 2 4	6_1 3 8_1 1	$7_1 3_1$ 5 7	4_1 0 9 8
− 2 9 3 4	− 2 7 6 3	− 4 6 8 3	− 3 9 6 4
5 6 9 0	3 6 1 8	2 6 7 4	1 3 4

11 485 632 + 1 = 485 633; 485 633 + 10 = 485 643; 485 643 + 100 = 485 743;
485 743 + 1 000 = 486 743; 486 743 + 10 000 = 496 743;
496 743 + 100 000 = **596 743**

284 637 + 1 = 284 638; 284 638 + 10 = 284 648; 284 648 + 100 = 284 748;
284 748 + 1 000 = 285 748; 285 748 + 10 000 = 295 748;
295 748 + 100 000 = **395 748**

164 164 + 1 = 164 165; 164 165 + 10 = 164 175; 164 175 + 100 = 164 275;
164 275 + 1 000 = 165 275; 165 275 + 10 000 = 175 275;
175 275 + 100 000 = **275 275**

874 634 + 1 = 874 635; 874 635 + 10 = 874 645; 874 645 + 100 = 874 745;
874 745 + 1 000 = 875 745; 875 745 + 10 000 = 885 745;
885 745 + 100 000 = **985 745**

Versuche die Zahl zu finden, die zu 878 878 führt!
Hier muss man nur von jeder einzelnen Ziffer 1 abziehen. Die Zahl lautet dann 767 767.

12 a

4 + 5	**= 9**
140 + 50	= 190
4 000 + 5 000	= 9 000
4 600 + 5 000	= 9 600
400 + 500	= 900
40 000 + 50 000	= 90 000
400 000 + 500 000	= 900 000
304 000 + 5 000	= 309 000
24 000 + 5 000	= 29 000

16 – 9	**= 7**
1 600 – 900	= 700
160 000 – 90 000	= 70 000
8 160 – 90	= 8 070
66 000 – 9 000	= 57 000
11 600 – 900	= 10 700
716 000 – 9 000	= 707 000
460 000 – 90 000	= 370 000
160 – 90	= 70

Die erste Aufgabe taucht in den weiteren Aufgaben an anderen Stellenwerten wieder auf.

b Lösungsvorschlag:

7 + 2	
70 + 20	= 90
700 + 200	= 900
7 000 + 2 000	= 9 000
2 700 + 200	= 2 900
157 000 + 2 000	= 159 000
43 700 + 200	= 43 900
527 000 + 2 000	= 529 000

12 – 4	**= 8**
120 – 40	= 80
1 200 – 400	= 800
6 200 – 400	= 5 800
234 120 – 40	= 234 080
123 200 – 400	= 122 800
120 000 – 40 000	= 80 000
312 000 – 4 000	= 308 000

13 **a**

$$\begin{array}{r} 7\ 8\ 0 \\ +\ {}_1\ 9_1\ 7\ 3 \\ \hline 1\ 7\ 5\ 3 \end{array}$$

Tipp: Denke an den Übertrag (die kleine 1); schreibe sie unter die nächste Stelle.

$$\begin{array}{r} 3\ 6\ 0\ 7 \\ +\ 3\ 9\ 2 \\ \hline 3\ 9\ 9\ 9 \end{array}$$

Tipp: Achte darauf, dass auch die Einer wirklich unter den Einern, die Zehner unter den Zehnern usw. stehen.

b

$$\begin{array}{r} 9_1\ 7_1\ 5 \\ -\ 6\ 9\ 6 \\ \hline 2\ 7\ 9 \end{array}$$

Tipp: Achte darauf, dass du die untere von der oberen Zahl abziehst.

$$\begin{array}{r} 9_1\ 7_1\ 5 \\ -\ 6\ 9\ 6 \\ \hline 2\ 7\ 9 \end{array}$$

Tipp: Vergiss den Übertrag nicht.

14

$$\begin{array}{r} \mathbf{9}\,2\,7\,\mathbf{3} \\ +{}_1 8\;\mathbf{3}{}_1 6\;5 \\ \hline \mathbf{1}\,7\,6\,\mathbf{3}\,8 \end{array} \qquad \begin{array}{r} 2\,\mathbf{3}\,\mathbf{7}\,4 \\ +\;\mathbf{7}\,2\,0\,3 \\ \hline 9\,5\,\mathbf{7}\,\mathbf{7} \end{array} \qquad \begin{array}{r} \mathbf{8}\,0\,4\,2 \\ +{}_1 9\;2\;\mathbf{3}\;\mathbf{7} \\ \hline \mathbf{1}\,7\,\mathbf{2}\,7\,9 \end{array}$$

$$\begin{array}{r} 5\,9\,2\,\mathbf{8} \\ +\;{}_1 6\;3{}_1 7 \\ \hline 6\,\mathbf{5}\,\mathbf{6}\,5 \end{array} \qquad \begin{array}{r} 2\,3\,\mathbf{4}\,\mathbf{5}\,5 \\ +{}_1 \mathbf{8}\;3{}_1 9\;2\;\mathbf{0} \\ \hline \mathbf{1}\,0\,\mathbf{7}\,3\,7\,5 \end{array} \qquad \begin{array}{r} 7\,7\,\mathbf{2}\,9\,\mathbf{3} \\ +{}_1 4{}_1 \mathbf{7}\;0{}_1 2{}_1 8 \\ \hline 1\,\mathbf{2}\,4\,3\,\mathbf{2}\,1 \end{array}$$

$$\begin{array}{r} 8_{\mid}\,\mathbf{3}\,6\,5 \\ -\;3\,9\,4\,\mathbf{0} \\ \hline \mathbf{4}\,4\,2\,5 \end{array} \qquad \begin{array}{r} \mathbf{7}_{\mid}\,2_{\mid}\,\mathbf{0}\,3 \\ -\;4\,8\,2\,\mathbf{3} \\ \hline 2\,\mathbf{3}\,8\,0 \end{array} \qquad \begin{array}{r} 9_{\mid}\,\mathbf{0}\,\mathbf{7}\,7 \\ -\;1\,4\,0\,\mathbf{3} \\ \hline \mathbf{7}\,6\,7\,4 \end{array}$$

$$\begin{array}{r} 3\,\mathbf{9}\,4\,7\,5 \\ -\;\;2\,0\,\mathbf{3}\,1 \\ \hline 3\,7\,4\,4\,\mathbf{4} \end{array} \qquad \begin{array}{r} 1_{\mid}\,0\,3\,\mathbf{7}\,4 \\ -\;\;\mathbf{9}\,2\,1\,1 \\ \hline 1\,\mathbf{1}\,6\,\mathbf{3} \end{array} \qquad \begin{array}{r} \mathbf{9}\,8\,\mathbf{4}\,\mathbf{5}\,6 \\ -\;8\,0\,2\,3\,4 \\ \hline \mathbf{1}\,8\,2\,2\,\mathbf{2} \end{array}$$

15 a

$$\begin{array}{r} 1\,8\,3\,7\,6 \\ +\;4{}_1 9\;5\;4\;0\;3 \\ \hline 5\,1\,3\,7\,7\,9 \end{array} \qquad \begin{array}{r} 6_{\mid}\,0_{\mid}\,0_{\mid}\,0_{\mid}\,0_{\mid}\,0 \\ -\;5\,1\,3\,7\,7\,9 \\ \hline 8\,6\,2\,2\,1 \end{array}$$

b

$$\begin{array}{r} 8_{\mid}\,4\,9_{\mid}\,3_{\mid}\,8_{\mid}\,4 \\ -\;2\,8\,4\,3\,9\,5 \\ \hline 5\,6\,4\,9\,8\,9 \end{array} \qquad \begin{array}{r} 5\,6\,4\,9\,8\,9 \\ +\;{}_1 6{}_1 8{}_1 3{}_1 9{}_1 4 \\ \hline 6\,3\,3\,3\,8\,3 \end{array}$$

16 a größte ungerade vierstellige Zahl: 9 999; kleinste fünfstellige Zahl: 10 000

$$\begin{array}{r} 1\,0\,0\,0\,0 \\ +\;\;9\,9\,9\,9 \\ \hline 1\,9\,9\,9\,9 \end{array}$$

b größte ungerade sechsstellige Zahl: 999 999

$$\begin{array}{r} 9\,9\,9\,9\,9\,9 \\ -\;\;8\,4\,4\,8\,5 \\ \hline 9\,1\,5\,5\,1\,4 \end{array}$$

c

$$\begin{array}{r} 9\,5\,4\,2\,1 \\ +\;{}_1\;{}_1\;4{}_1 6{}_1 8{}_1 9 \\ \hline 1\,0\,0\,1\,1\,0 \end{array}$$

17 a

$$\begin{array}{r} 1\,3\,4\,7\,8 \\ +\,3\,1\,7\,8\,4 \\ \hline 4\,5\,2\,6\,2 \end{array}$$

b

$$\begin{array}{r} 8\,7_1\,3_1\,4_1\,1 \\ -\,1\,3\,4\,7\,8 \\ \hline 7\,3\,8\,6\,3 \end{array}$$

c

$$\begin{array}{r} 4_1\,3_1\,1\,7\,8 \\ -\,3\,4\,8\,1\,7 \\ \hline 8\,3\,6\,1 \end{array}$$

d

$$\begin{array}{r} 8\,1\,7\,3\,4 \\ +\,1\,8\,3\,4\,7 \\ \hline 1\,0\,0\,0\,8\,1 \end{array}$$

e

$$\begin{array}{r} 4\,8_1\,1_1\,3\,7 \\ -\,1\,7\,8\,4\,2 \\ \hline 3\,0\,2\,9\,5 \end{array}$$

Zahlenspiele

18 a

$$\begin{array}{r} 8_1\,2_1\,2\,8 \\ -\,2\,8\,8\,2 \\ \hline 5\,3\,4\,6 \end{array} \quad \begin{array}{r} 6_1\,1_1\,1\,6 \\ -\,1\,6\,6\,1 \\ \hline 4\,4\,5\,5 \end{array} \quad \begin{array}{r} 5_1\,4_1\,4\,5 \\ -\,4\,5\,5\,4 \\ \hline 8\,9\,1 \end{array} \quad \begin{array}{r} 6_1\,4_1\,4\,6 \\ -\,4\,6\,6\,4 \\ \hline 1\,7\,8\,2 \end{array} \quad \begin{array}{r} 9_1\,7_1\,7\,9 \\ -\,7\,9\,9\,7 \\ \hline 1\,7\,8\,2 \end{array}$$

b *Lösungsvorschläge:*

$$\begin{array}{r} 9_1\,1_1\,1\,9 \\ -\,1\,9\,9\,1 \\ \hline 7\,1\,2\,8 \end{array} \quad \begin{array}{r} 8_1\,1_1\,1\,8 \\ -\,1\,8\,8\,1 \\ \hline 6\,2\,3\,7 \end{array} \quad \begin{array}{r} 9_1\,3_1\,3\,9 \\ -\,3\,9\,9\,3 \\ \hline 5\,3\,4\,6 \end{array} \quad \begin{array}{r} 7_1\,2_1\,2\,7 \\ -\,2\,7\,7\,2 \\ \hline 4\,4\,5\,5 \end{array} \quad \begin{array}{r} 6_1\,2_1\,2\,6 \\ -\,2\,6\,6\,2 \\ \hline 3\,5\,6\,4 \end{array}$$

$$\begin{array}{r} 9_1\,0_1\,0\,9 \\ -\,0\,9\,9\,0 \\ \hline 8\,0\,1\,9 \end{array} \quad \begin{array}{r} 6_1\,3_1\,3\,6 \\ -\,3\,6\,6\,3 \\ \hline 2\,6\,7\,3 \end{array} \quad \begin{array}{r} 8_1\,5_1\,5\,8 \\ -\,5\,8\,8\,5 \\ \hline 2\,6\,7\,3 \end{array} \quad \begin{array}{r} 4_1\,2_1\,2\,4 \\ -\,2\,4\,4\,2 \\ \hline 1\,7\,8\,2 \end{array} \quad \begin{array}{r} 3_1\,2_1\,2\,3 \\ -\,2\,3\,3\,2 \\ \hline 8\,9\,1 \end{array}$$

c 2 673 = **5 225 – 2 552** 5 346 = **7 117 – 1 771**

19 a *Lösungsvorschläge:*

$$\begin{array}{r} 8_1\,6_1\,3_1\,4_1\,2 \\ -\,2\,6\,3\,4\,8 \\ \hline 5\,9\,9\,9\,4 \end{array} \quad \begin{array}{r} 9_1\,7_1\,3_1\,6_1\,1 \\ -\,1\,7\,3\,6\,9 \\ \hline 7\,9\,9\,9\,2 \end{array} \quad \begin{array}{r} 6_1\,9_1\,3_1\,5_1\,2 \\ -\,2\,9\,3\,5\,6 \\ \hline 3\,9\,9\,9\,6 \end{array} \quad \begin{array}{r} 9_1\,8_1\,5_1\,7_1\,0 \\ -\,0\,8\,5\,7\,9 \\ \hline 8\,9\,9\,9\,1 \end{array}$$

$$\begin{array}{r} 7_1\,2_1\,5_1\,1_1\,6 \\ -\,6\,2\,5\,1\,7 \\ \hline 9\,9\,9\,9 \end{array} \quad \begin{array}{r} 8_1\,4_1\,3_1\,6_1\,1 \\ -\,1\,4\,3\,6\,8 \\ \hline 6\,9\,9\,9\,3 \end{array} \quad \begin{array}{r} 6_1\,2_1\,8_1\,3_1\,4 \\ -\,4\,2\,8\,3\,6 \\ \hline 1\,9\,9\,9\,8 \end{array} \quad \begin{array}{r} 8_1\,3_1\,5_1\,9_1\,5 \\ -\,5\,3\,5\,9\,8 \\ \hline 2\,9\,9\,9\,7 \end{array}$$

b *Lösungsvorschläge:*
69 993 = **86 371 – 16 378** 49 995 = **84 923 – 34 928**

20 a *Lösungsvorschläge:*
264 254, 947 917, 925 965, 632 682, 271 281, 532 572
Wichtig ist, dass Ziffern immer dann gleich sind, wenn auch die Buchstaben im Wort gleich sind.

b *Lösungsvorschlag:*

1 3 2 1 5 2	3 7 5 3 1 5
+ 1 4 2 1 3 2	+ 2 1 4 2 6 4
2 7 4 2 8 4	5 8 9 5 7 9

Hier kannst du alle HIPHOP-Zahlen miteinander addieren, nur darf das Ergebnis bei der Addition der einzelnen Ziffern nie größer als 9 sein.

21 a

8ı3 8ı3	6ı4 6ı4	9ı1 9ı1	5ı4 5ı4	7ı2 7ı2
− 3 8 3 8	− 4 6 4 6	− 1 9 1 9	− 4 5 4 5	− 2 7 2 7
4 5 4 5	1 8 1 8	7 2 7 2	9 0 9	4 5 4 5

b *Lösungsvorschläge:*

9ı0 9ı0	8ı1 8ı1	4ı3 4ı3	8ı3 8ı3	7ı4 7ı4
− 0 9 0 9	− 1 8 1 8	− 3 4 3 4	− 3 8 3 8	− 4 7 4 7
8 1 8 1	6 3 6 3	9 0 9	4 5 4 5	2 7 2 7
8ı2 8ı2	5ı3 5ı3	6ı2 6ı2	7ı6 7ı6	6ı4 6ı4
− 2 8 2 8	− 3 5 3 5	− 2 6 2 6	− 6 7 6 7	− 4 6 4 6
5 4 5 4	1 8 1 8	3 6 3 6	9 0 9	1 8 1 8

c *Lösungsvorschläge:*

2ı0 2ı0	8ı4 8ı4
− 0 2 0 2	− 4 8 4 8
1 8 1 8	3 6 3 6

22 *individuelle Lösung*

Malnehmen

23

•	**4**	7	6	**5**
2	8	**14**	12	**10**
3	**12**	**21**	**18**	15
8	32	**56**	48	**40**
9	**36**	63	**54**	45

•	2	9	**10**	**0**
3	6	27	**30**	0
8	**16**	**72**	80	**0**
6	**12**	**54**	**60**	0
7	**14**	63	70	**0**

24 a

5 · 7 = **35**
5 · 70 = **350**
5 · 700 = **3 500**
5 · 7 000 = **35 000**
5 · 70 000 = **350 000**

50 · 7 = **350**
500 · 7 = **3 500**
5 000 · 7 = **35 000**
50 000 · 7 = **350 000**

b

6 · 3 = **18**
6 · 30 = **180**
6 · 300 = **1 800**
6 · 3 000 = **18 000**
6 · 30 000 = **180 000**

60 · 3 = **180**
600 · 3 = **1 800**
6 000 · 3 = **18 000**
60 000 · 3 = **180 000**

Die Ergebnisse der Aufgaben sind sich ganz ähnlich. Wenn ich die Aufgabe des kleinen Einmaleins gelöst habe, brauche ich nur noch so viele Nullen an das Ergebnis zu hängen, wie es Nullen in der Aufgabe gibt.

25

24	240	2 400	24 000
1 · 24	**1 · 240**	**3 · 800**	**3 · 8 000**
2 · 12	**2 · 120**	**300 · 8**	**3 000 · 8**
3 · 8	**3 · 80**	**30 · 80**	**300 · 80**
4 · 6	**4 · 60**	**2 · 1 200**	**30 · 800**
6 · 4	**10 · 24**	**200 · 12**	**4 · 6 000**
8 · 3	**20 · 12**	**4 · 600**	**6 · 4 000**
12 · 2	**30 · 8**	**400 · 6**	**60 · 400**
24 · 1	**40 · 6**	**40 · 60**	**600 · 40**

26 a
6 · 200 = **1 200**
6 · 50 = **300**
6 · 4 = **24**
6 · 254 = **1 524**

6 · 250 = **1 500**
6 · 54 = **324**
6 · 204 = **1 224**

b
4 · 800 = **3 200**
4 · 30 = **120**
4 · 4 = **16**
4 · 834 = **3 336**

4 · 830 = **3 320**
4 · 34 = **136**
4 · 804 = **3 216**

c
5 · 900 = **4 500**
5 · 70 = **350**
5 · 5 = **25**
5 · 975 = **4 875**

5 · 970 = **4 850**
5 · 75 = **375**
5 · 905 = **4 525**

d
3 · 600 = **1 800**
3 · 80 = **240**
3 · 9 = **27**
3 · 689 = **2 067**

3 · 680 = **2 040**
3 · 89 = **267**
3 · 609 = **1 827**

27 a
9 · 6 543 = **58 887**
6 · 7 346 = **44 076**

2 · 9 257 = **18 514**
3 · 4 682 = **14 046**

b
5 · 2 647 = **13 235**
4 · 2 678 = **10 712**

7 · 9 753 = **68 271**
8 · 3 697 = **29 576**

c
6 · 3 215 = **19 290**
3 · 6 857 = **20 571**

8 · 1 648 = **13 184**
4 · 5 632 = **22 528**

28 a
15 · 365 = **5 475**
53 · 924 = **48 972**

86 · 574 = **49 364**
93 · 439 = **40 827**

b
48 · 8 426 = **404 448**
67 · 3 849 = **257 883**

37 · 6 312 = **233 544**
59 · 4 391 = **259 069**

c
163 · 641 = **104 483**
861 · 2 795 = **2 406 495**

279 · 718 = **200 322**
786 · 5 761 = **4 528 146**

Schriftliches Malnehmen

29

a	684 · 3 2052	357 · 7 2499	963 · 5 4815	741 · 9 6669
b	852 · 2 1704	987 · 4 3948	654 · 6 3924	321 · 8 2568
c	9513 · 2 19026	7846 · 5 39230	3249 · 8 25992	4677 · 7 32739
d	5491 · 3 16473	6833 · 7 47831	8966 · 9 80694	3855 · 4 15420
e	48275 · 4 193100	8424672 · 3 25274016	2721092 · 3 8163276	

30

648 · 4 2592	Tipp: Schreibe die Einer hin, aber vergiss nicht, dir die Zehner zu merken und diese zum nächsten Ergebnis dazuzurechnen.
648 · 4 2592	Tipp: Schreibe die Zehner nicht einfach hin, sondern rechne sie zum nächsten Ergebnis dazu.
648 · 4 2592	Tipp: Beginne deine Rechnung immer mit den Einern.

31

a	984 · 55 49200 $_1$4920 54120	651 · 24 13020 2604 15624	324 · 95 29160 $_1$1620 30780	756 · 61 45360 $_1$7$_1$56 46116
b	741 · 82 59280 $_1$14$_1$82 60762	852 · 37 25560 $_1$5$_1$9$_1$64 31524	9632 · 45 385280 $_1$4$_1$81$_1$60 433440	2684 · 51 134200 2684 136884
c	1596 · 18 15960 12$_1$7$_1$68 28728	3579 · 29 71580 $_1$32211 103791	7538 · 36 226140 4$_1$5228 271368	6842 · 73 478940 20$_1$526 499466

32

6 4 8 · 4 1
2 5 9 2 0
$_1$6 4 8
2 6 5 6 8

Tipp: Achte darauf, dass du die Ergebnisse immer genau unter der Zahl aufschreibst, mit der du gerade multiplizierst.

6 4 8 · 4 1
2 5 9 2 0
$_1$6 4 8
2 6 5 6 8

Tipp: Achte darauf, dass du die Ergebnisse immer unter der Zahl aufschreibst, mit der du multiplizierst, und denke daran, die Null unter die Einer zu schreiben, wenn du mit den Zehnern multiplizierst.

6 4 8 · 4 1
2 5 9 2 0
$_1$6 4 8
2 6 5 6 8

Tipp: Hier wurde erst mit 10 multipliziert und dann mit 4. Die Zehner und Einer wurden miteinander vertauscht.

33

a

3 5 7 · 9
3 **2** 1 3

8 6 3 · 7
6 0 4 1

5 8 2 · 3
1 7 **4** 6

b

9 **2** 8 · 4 4
3 7 1 **2 0**
3 7 1 2
4 0 **8** 3 2

8 2 1 · **5** 7
4 **1** 0 5 **0**
5 7 4 **7**
4 6 **7** 9 7

2 8 7 · 7 3
2 0 0 9 **0**
8 **6** 1
2 0 **9** 5 1

34

9 **4** 9 3 · 2 **0** 3
1 8 9 8 6
0 0 0 0
$_1$ **2**$_1$8$_1$**4** 7 9
1 **9** 2 7 0 **7 9**

2 **8** 3 7 · 9 **2** 1
2 5 **5** 3 3
5 **6 7** 4
$_1$ $_1$2$_1$8 3 **7**
2 6 1 2 8 **7** 7

7 4 6 2 · **4 0** 7
2 9 8 4 8
0 **0** 0 **0** 0
$_1$ $_1$5 **2**$_1$2 **3** 4
3 0 3 7 0 3 4

35

a

2 4 · 2 5
4 8 0
1 2 0
6 0 0

Hier musst du einfach ausprobieren. 10 · 10 ist 100, das ist zu klein; 20 · 20 ergibt 400, das passt besser. Bei 30 · 30 erhältst du 900, das ist zu viel. Die beiden Zahlen müssen also zwischen 20 und 30 liegen.

b

5 6 · 5 7
2 8 0 0
3 9 2
3 1 9 2

36 Anzahl Kisten: 11 · 12 = 132
Anzahl Säcke: 132 · 10 = 1 320
Anzahl Beutel: 1 320 · 9 = 11 880
Anzahl Goldstücke: 11 880 · 8 = 95 040
in Euro: 95 040 · 14 € = 1 330 560 €

Teilen

37

24 : 6 = **4**	81 : 9 = **9**	63 : 7 = **9**
240 : 6 = **40**	810 : 9 = **90**	630 : 7 = **90**
2 400 : 6 = **400**	8 100 : 9 = **900**	6 300 : 7 = **900**
24 000 : 6 = **4 000**	81 000 : 9 = **9 000**	63 000 : 7 = **9 000**
240 000 : 6 = **40 000**	810 000 : 9 = **90 000**	630 000 : 7 = **90 000**

38

a

20 000 : 4 = **5 000**	8 100 : 9 = **900**	180 000 : 2 = **90 000**
20 : 4 = 5	**81 : 9 = 9**	**18 : 2 = 9**
35 000 : 5 = **7 000**	4 000 : 8 = **500**	420 000 : 7 = **60 000**
35 : 5 = 7	**40 : 8 = 5**	**42 : 7 = 6**
32 000 : 8 = **4 000**	2 700 : 3 = **900**	480 000 : 6 = **80 000**
32 : 8 = 4	**27 : 3 = 9**	**48 : 6 = 8**
72 000 : 8 = **9 000**	1 500 : 3 = **500**	540 000 : 9 = **60 000**
72 : 8 = 9	**15 : 3 = 5**	**54 : 9 = 6**
44 000 : 4 = **11 000**	2 400 : 6 = **400**	720 000 : 8 = **90 000**
44 : 4 = 11	**24 : 6 = 4**	**72 : 8 = 9**

b

270 000 : 9 = **30 000**	49 000 : 7 = **7 000**	6 400 : 8 = **800**
27 : 9 = 3	**49 : 7 = 7**	**64 : 8 = 8**
200 000 : 4 = **50 000**	18 000 : 6 = **3 000**	2 400 : 3 = **800**
20 : 4 = 5	**18 : 6 = 3**	**24 : 3 = 8**
140 000 : 2 = **70 000**	56 000 : 8 = **7 000**	6 300 : 7 = **900**
14 : 2 = 7	**56 : 8 = 7**	**63 : 7 = 9**
400 000 : 5 = **80 000**	45 000 : 9 = **5 000**	4 800 : 8 = **600**
40 : 5 = 8	**45 : 9 = 5**	**48 : 8 = 6**

39 a

30 : 3 = **10**	60 : 4 = **15**	70 : 5 = **14**
300 : 3 = **100**	400 : 4 = **100**	500 : 5 = **100**
3 000 : 3 = **1 000**	6 000 : 4 = **1 500**	3 000 : 5 = **600**
3 330 : 3 = **1 110**	6 460 : 4 = **1 615**	3 570 : 5 = **714**

b

480 : 6 = **80**	4 : 4 = **1**	8 : 8 = **1**
6 : 6 = **1**	200 : 4 = **50**	400 : 8 = **50**
4 800 : 6 = **800**	1 000 : 4 = **250**	6 000 : 8 = **750**
4 806 : 6 = **801**	1 204 : 4 = **301**	6 408 : 8 = **801**

c

8 : 2 = **4**	44 : 4 = **11**	8 : 8 = **1**
150 : 2 = **75**	200 : 4 = **50**	640 : 8 = **80**
1 500 : 2 = **750**	2 000 : 4 = **500**	6 440 : 8 = **805**
1 508 : 2 = **754**	2 244 : 4 = **561**	7 088 : 8 = **886**

40

24 000 : 5 000 = **4 R 4 000**
45 000 : 6 000 = **7 R 3 000**
48 000 : 9 000 = **5 R 3 000**
39 000 : 4 000 = **9 R 3 000**
32 000 : 7 000 = **4 R 4 000**
63 000 : 8 000 = **7 R 7 000**
160 000 : 30 000 = **5 R 10 000**
750 000 : 20 000 = **37 R 10 000**
560 000 : 90 000 = **6 R 20 000**
960 000 : 50 000 = **19 R 10 000**
720 000 : 50 000 = **14 R 20 000**
480 000 : 70 000 = **6 R 60 000**

41 a *Lösungsvorschläge:*

8 65**0** : 2 = **4 325**	6 23**2** : 4 = **1 558**	4 92**6** : 2 = **2 463**
3 48**8** : 2 = **1 744**	1 88**4** : 4 = **471**	7 34**8** : 4 = **1 837**

b

2 67**0** : 5 = **534**	6 84**4** : 2 = **3 422**	9 65**0** : 5 = **1 930**
5 68**5** : 5 = **1 137**	7 62**5** : 5 = **1 525**	5 67**2** : 4 = **1 418**

c

12 70**5** : 5 = **2 541**	28 95**4** : 2 = **14 477**	10 69**6** : 4 = **2 674**
44 58**0** : 5 = **8 916**	67 42**8** : 2 = **33 714**	30 19**2** : 4 = **7 548**

42 a

6 000 : 6 = **1 000**	6 420 : 6 = **1 070**
420 : 6 = **70**	6 360 : 6 = **1 060**
360 : 6 = **60**	6 780 : 6 = **1 130**
54 : 6 = **9**	6 054 : 6 = **1 009**
	6 474 : 6 = **1 079**

b	4 000 : 2 = **2 000**	4 240 : 2 = **2 120**
	240 : 2 = **120**	4 180 : 2 = **2 090**
	180 : 2 = **90**	4 420 : 2 = **2 210**
	48 : 2 = **24**	4 048 : 2 = **2 024**
		4 228 : 2 = **2 114**
c	4 800 : 8 = **600**	5 440 : 8 = **680**
	640 : 8 = **80**	5 120 : 8 = **640**
	320 : 8 = **40**	5 560 : 8 = **695**
	72 : 8 = **9**	4 872 : 8 = **609**
		5 512 : 8 = **689**

43

a	8 000 : 8 = **1 000**	5 000 : 5 = **1 000**	42 000 : 7 = **6 000**
	8 024 : 8 = **1 003**	5 125 : 5 = **1 025**	42 749 : 7 = **6 107**
	7 992 : 8 = **999**	4 880 : 5 = **976**	41 650 : 7 = **5 950**
b	32 000 : 4 = **8 000**	1 500 : 3 = **500**	54 000 : 9 = **6 000**
	31 860 : 4 = **7 965**	1 386 : 3 = **462**	54 639 : 9 = **6 071**
	32 644 : 4 = **8 161**	1 539 : 3 = **513**	52 200 : 9 = **5 800**
c	63 000 : 7 = **9 000**	4 500 : 5 = **900**	12 000 : 2 = **6 000**
	63 777 : 7 = **9 111**	4 525 : 5 = **905**	12 648 : 2 = **6 324**
	62 454 : 7 = **8 922**	4 445 : 5 = **889**	11 738 : 2 = **5 869**

Schriftliches Teilen

44 a

```
  1 0 8 : 9 = 1 2
– 9
  1 8
– 1 8
    0
```

```
  1 1 0 7 : 9 = 1 2 3
– 9
  2 0
– 1 8
    2 7
  – 2 7
      0
```

```
  1 1 1 0 6 : 9 = 1 2 3 4
– 9
  2 1
– 1 8
    3 0
  – 2 7
      3 6
    – 3 6
        0
```

```
 1 1 1 1 0 5 : 9 = 1 2 3 4 5        1 1 1 1 1 0 4 : 9 = 1 2 3 4 5 6
−  9                               −  9
   2 1                                2 1
 − 1 8                              − 1 8
     3 1                                3 1
   − 2 7                              − 2 7
       4 0                                4 1
     − 3 6                              − 3 6
         4 5                                5 0
       − 4 5                              − 4 5
           0                                  5 4
                                            − 5 4
                                                0
```

b

```
 2 1 : 3 = 7      2 0 1 : 3 = 6 7      2 0 0 1 : 3 = 6 6 7
−2 1             −1 8                 −1 8
   0                2 1                  2 0
                  − 2 1                − 1 8
                      0                    2 1
                                         − 2 1
                                             0
```

```
 2 0 0 0 1 : 3 = 6 6 6 7        2 0 0 0 0 1 : 3 = 6 6 6 6 7
−1 8                           −1 8
   2 0                            2 0
 − 1 8                          − 1 8
     2 0                            2 0
   − 1 8                          − 1 8
       2 1                            2 0
     − 2 1                          − 1 8
         0                              2 1
                                      − 2 1
                                          0
```

45 a *Lösungsbeispiele:*

```
  46823   234125 : 5 = 46825     24865   124335 : 5 = 24867
+46824  −20                     +24866  −10
+46825    34                    +24867    24
+46826   −30                    +24868   −20
+46827     41                   +24869     43
234125    −40                   124335    −40
            12                              33
           −10                             −30
             25                              35
            −25                             −35
              0                               0
```

13574
+13575
+13576
+13577
+13578
67880

67880 : 5 = 13576
−5
17
−15
28
−25
38
−35
30
−30
0

89651
+89652
+89653
+89654
+89655
448265

448265 : 5 = 89653
−40
48
−45
32
−30
26
−25
15
−15
0

74124
+74125
+74126
+74127
+74128
370630

370630 : 5 = 74126
−35
20
−20
06
− 5
13
−10
30
−30
0

65432
+65433
+65434
+65435
+65436
327170

327170 : 5 = 65434
−30
27
−25
21
−20
17
−15
20
−20
0

Das Ergebnis der Divisionsaufgabe ist die mittlere Zahl, die ich addiert habe.
Ich stelle mir die Zahlen, die ich addiere, als Würfelturm vor, der immer genau so viele Würfel hat, wie die Zahl angibt. Wenn ich vom größten Turm zwei Würfel herunternehme und sie auf den kleinsten Turm stelle, und vom zweitgrößten Turm einen Würfel auf den zweitkleinsten Turm lege, entstehen fünf Türme mit einer Anzahl von Würfeln, wie es die mittlere Zahl angibt.

b Das gleiche Prinzip funktioniert auch mit Zahlen mit einem Unterschied von 10. Hier lege ich nur nicht 2 bzw. 1 Würfel um, sondern 20 bzw. 10. Auch hier errechne ich den Mittelwert oder Durchschnitt.

46 a

```
  8 6 5 4 : 2 = 4 3 2 7
– 8
  6
– 6
    5
  – 4
    1 4
  – 1 4
      0
```

b

```
  2 4 5 6 : 8 = 3 0 7
– 2 4
    0 5
  –   0
      5 6
    – 5 6
        0
```

47 Leon hat auch nach einem Jahr nur eine Maus, weil eine einzelne Maus keinen Nachwuchs bekommen kann.

Grundrechenarten miteinander verbinden

48 a

125	+	**125**	=	250
3 500	+	**6 500**	=	10 000
6 250	+	**18 750**	=	25 000
63 000	+	**57 000**	=	120 000

b

65 000	–	5 000	=	60 000
25 000	–	6 300	=	18 700
250 000	–	45 000	=	205 000
330 000	–	12 500	=	317 500

49 a

6	·	**700**	=	4 200
12	·	**700**	=	8 400
900	·	**60**	=	54 000
60	·	**80**	=	4 800

b

72 000	:	**9**	=	8 000
4 000	:	**8**	=	500
25 000	:	**500**	=	50
2 700	:	**30**	=	90

50 a **1 000** $\xrightleftharpoons[\mathbf{-\,1\,500}]{+\,1\,500}$ 2 500

b **60** $\xrightleftharpoons[\mathbf{:\,60}]{\cdot\,60}$ 3 600

c **500 000** $\xrightleftharpoons[\mathbf{+\,380\,000}]{-\,380\,000}$ 120 000

d **240 000** $\xrightleftharpoons[\mathbf{\cdot\,800}]{:\,800}$ 300

51 a $\mathbf{500} \underset{: 4}{\overset{\cdot 4}{\rightleftarrows}} \mathbf{2\,000} \underset{+ 400}{\overset{- 400}{\rightleftarrows}} \mathbf{1\,600} \underset{\cdot 2}{\overset{: 2}{\rightleftarrows}} 800$

b $\mathbf{360} \underset{\cdot 6}{\overset{: 6}{\rightleftarrows}} \mathbf{60} \underset{- 40}{\overset{+ 40}{\rightleftarrows}} \mathbf{100} \underset{: 25}{\overset{\cdot 25}{\rightleftarrows}} 2\,500$

c $\mathbf{11} \underset{- 11}{\overset{+ 11}{\rightleftarrows}} \mathbf{22} \underset{\cdot 2}{\overset{: 2}{\rightleftarrows}} \mathbf{11} \underset{: 8}{\overset{\cdot 8}{\rightleftarrows}} 88$

d $\mathbf{25} \underset{: 4}{\overset{\cdot 4}{\rightleftarrows}} \mathbf{100} \underset{\cdot 10}{\overset{: 10}{\rightleftarrows}} \mathbf{10} \underset{- 35}{\overset{+ 35}{\rightleftarrows}} 45$

52 a 350 + 150 : 5 = 350 + 30 = **380**
560 : 7 – 20 = 80 – 20 = **60**
230 + 640 : 8 = 230 + 80 = **310**
500 : 10 – 180 : 6 = 50 – 30 = **20**

b 140 · 2 – 80 = 280 – 80 = **200**
620 + 40 · 3 = 620 + 120 = **740**
550 + 210 : 3 – 400 = 550 + 70 – 400 = **220**
200 + 800 + 100 : 2 = 200 + 800 + 50 = **1 050**

53 a (200 + 300) – 170 = 500 – 170 = **330**
(430 + 270) – (320 – 280) = 700 – 40 = **660**
(910 + 90) : 100 = 1 000 : 100 = **10**
900 : (450 : 5) = 900 : 90 = **10**

b 140 – (2 · 30) = 140 – 60 = **80**
40 + 20 + (310 – 60) = 40 + 20 + 250 = **310**
450 – (210 – 70) + 30 = 450 – 140 + 30 = **340**
1 000 : (4 · 50) = 1 000 : 200 = **5**

c 840 – (420 + 120) = 840 – 540 = **300**
(844 – 48) + (628 + 72) = 796 + 700 = **1 496**
(7 · 30) + 190 = 210 + 190 = **400**
(380 – 60) : 4 = 320 : 4 = **80**

54 a $120 \underset{+ 60}{\overset{- 60}{\rightleftarrows}} 60 \underset{\cdot 5}{\overset{: 5}{\rightleftarrows}} 12 \underset{: 2}{\overset{\cdot 2}{\rightleftarrows}} 24 \underset{- 26}{\overset{+ 26}{\rightleftarrows}} 50$

b $3\,100 \underset{: 3}{\overset{\cdot 3}{\rightleftarrows}} 9\,300 \underset{+ 300}{\overset{- 300}{\rightleftarrows}} 9\,000 \underset{\cdot 90}{\overset{: 90}{\rightleftarrows}} 100 \underset{- 100}{\overset{+ 100}{\rightleftarrows}} 200$

c $100 \underset{- 75}{\overset{+ 75}{\rightleftarrows}} 175 \underset{\cdot 5}{\overset{: 5}{\rightleftarrows}} 35 \underset{+ 2}{\overset{- 2}{\rightleftarrows}} 33 \underset{\cdot 11}{\overset{: 11}{\rightleftarrows}} 3$

Rechnen mit Größen

Rechnen mit Geld

55

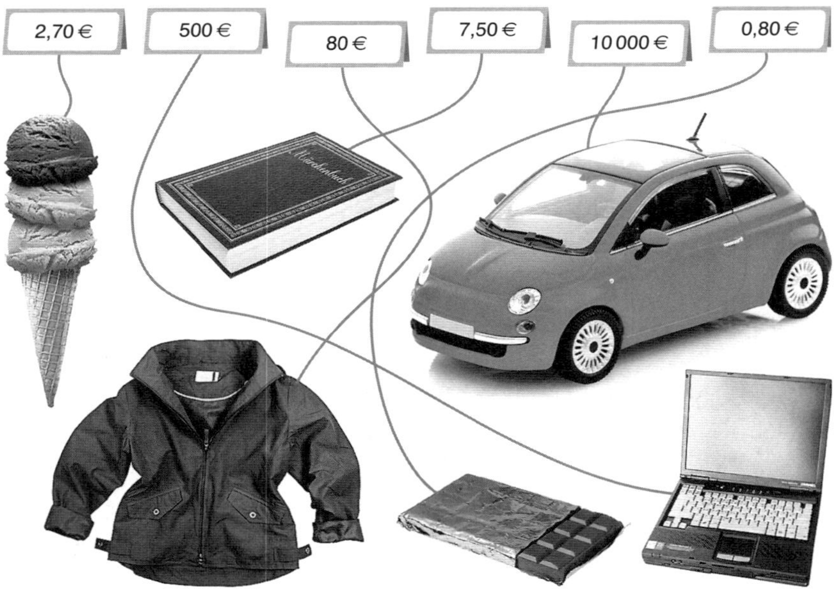

56

		wahr	falsch
a	Für 5 € kannst du dir ein großes Eis kaufen.	☒	☐
b	Ein neues Auto kostet weniger als ein Computer.	☐	☒
c	Eine Tafel Schokolade ist billiger als ein Buch.	☒	☐
d	Eine neue Jacke kostet im Geschäft weniger als 5 €.	☐	☒
e	Ein Auto kostet doppelt so viel wie ein Buch.	☐	☒

57

a
75 ct + **25** ct = 1 €
47 ct + **53** ct = 1 €
18 ct + **82** ct = 1 €
63 ct + **37** ct = 1 €

b
0,35 € + **0,65** € = 1 €
0,21 € + **0,79** € = 1 €
0,88 € + **0,12** € = 1 €
0,52 € + **0,48** € = 1 €

58 a 245 ct = **2,45** €
360 ct = **3,60** €
2548 ct = **25,48** €
2050 ct = **20,50** €

b 5 € = **500** ct
12,50 € = 1**250** ct
3,05 € = **305** ct
0,38 € = **38** ct

59 a 63 ct (<) 85 ct
167 ct (<) 617 ct
121 ct (>) 112 ct
586 ct (<) 685 ct

b 0,18 € (<) 0,81 €
4,52 € (<) 5,24 €
3,67 € (<) 3,76 €
8,31 € (>) 8,13 €

c 3,54 € (>) 345 ct
2,25 € (=) 225 ct
6,54 € (>) 564 ct
7,89 € (<) 798 ct

60 a 150 € + 450 € = **600 €**
75 ct + 15 ct = **0,90 €**
85 € + 35 € = **120 €**
950 ct + 150 ct = **11 €**

b 348 € + 765 € = **1113 €**
285 € + 1345 € = **1630 €**
198 € + 7215 € = **7413 €**
26 ct + 399 ct = **4,25 €**

c 4 € 45 ct + 382 ct = **8,27 €**
16 € 78 ct + 428 ct = **21,06 €**
4,50 € + 5 € 45 ct = **9,95 €**
4 € 37 ct + 95 ct = **5,32 €**

d 4,78 € + 3,92 € = **8,70 €**
26,34 € + 249 ct = **28,83 €**
78,09 € + 1258 ct = **90,67 €**
0,62 € + 12857 ct = **129,19 €**

61

€ und ct	1 € 50 ct	**2 € 29 ct**	15 € 45 ct	**8 € 5 ct**	5 € 9 ct	**20 € 80 ct**
€	1,50 €	2,29 €	**15,45 €**	**8,05 €**	**5,09 €**	20,80 €
ct	150 ct	**229 ct**	**1545 ct**	805 ct	**509 ct**	**2080 ct**

62 160 € : 4 = 40 €
Für jede Anschaffung spendet die Klasse **40 €**.

63 a 25 · 30 ct = 750 ct = 7,50 €
10 · 2,30 € = 23 €
10 · 5 € = 50 €
7,50 € + 23 € + 50 € = 80,50 €
Sie haben insgesamt **80,50 €** ausgegeben.

b 80,50 € + 25,00 € + 30,00 € = 135,50 €
Die Preise haben einen Gesamtwert von **135,50 €**.

64 Getränke: 638 € – 373 € = 265 €
Kuchen: 442 €
Spenden: 108 €
gesamt: 265 € + 442 € + 108 € = 815 €
Die 4 b hat **815 €** für die Klassenkasse eingenommen.

Rechnen mit Zeitmaßen

65

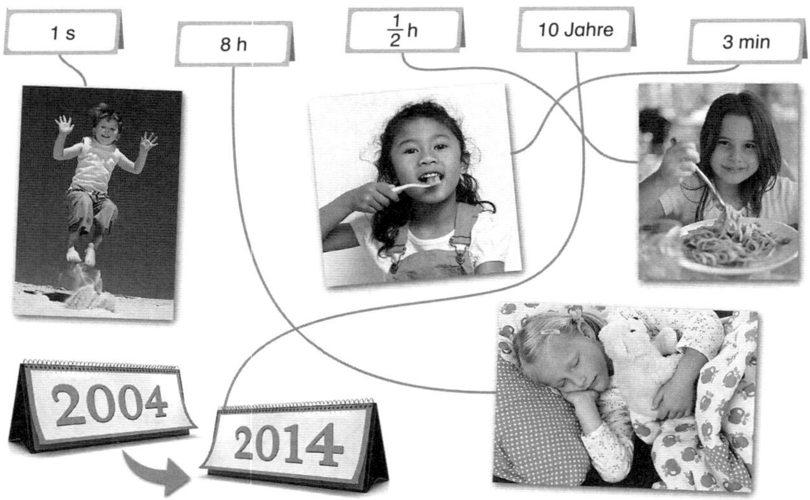

66 a

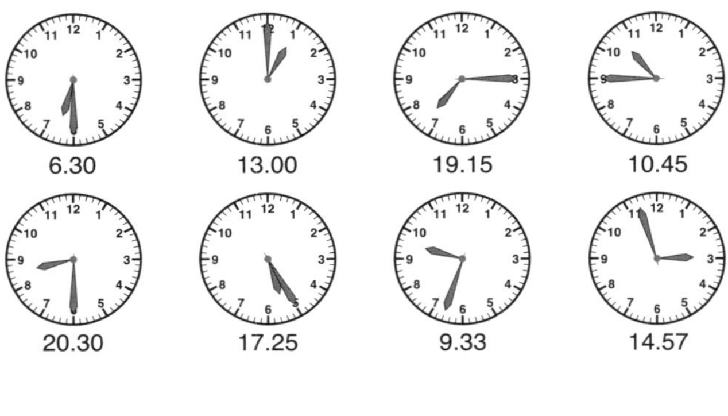

b

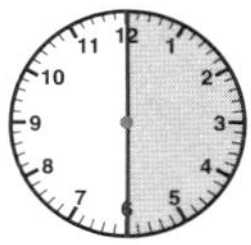
30 min

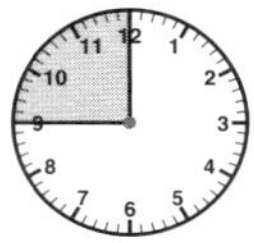
$\frac{1}{4}$ h

1 h

45 min

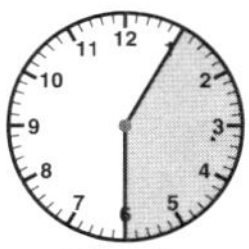
25 min

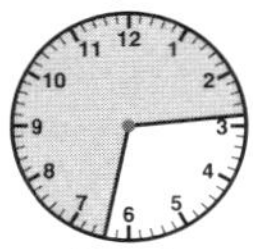
42 min

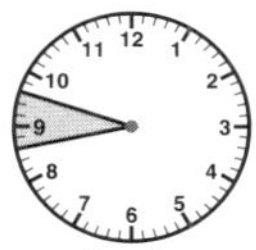
5 min

57 min

67 a
75 min = **1** h **15** min
90 s = **1** min **30** s
120 min = **2** h **0** min
150 min = **2** h **30** min

b
180 s = **3** min **0** s
270 s = **4** min **30** s
212 min = **3** h **32** min
455 s = **7** min **35** s

68 a
140 s (<) 2 min 30 s
90 s (>) 1 min 20 s
300 s (<) 6 min
182 s (<) 3 min 10 s

b
125 min (=) 2 h 5 min
150 min (<) 2 h 40 min
600 min (>) 6 h
425 min (=) 6 h 65 min

69 a
30 min + 20 min = **50 min**
15 s + 25 s = **40 s**
19 min + 16 min = **35 min**
45 s + 12 s = **57 s**

b
55 min + 120 s = **57 min**
35 min + 1 h 25 min = **2 h**
420 s + 1 h 13 min = **1 h 20 min**
56 min + 10 min 35 s = **1 h 6 min 35 s**

70

1. Zeitpunkt	Zeitdauer	2. Zeitpunkt
7.25 Uhr	25 min	**7.50 Uhr**
10.20 Uhr	**35 min**	10.55 Uhr
12.23 Uhr	34 min	12.57 Uhr
9.45 Uhr	**1 h 30 min**	11.15 Uhr
18.10 Uhr	90 min	**19.40 Uhr**
19.13 Uhr	55 min	20.08 Uhr
14.22 Uhr	**3 h 23 min**	17.45 Uhr
16.03 Uhr	180 s	**16.06 Uhr**

71 a Sie sollte den Bus um **13.05** Uhr nehmen.

b

Die Fahrt dauert **12** Minuten.

c

Sie muss spätestens um **12.56** Uhr losgehen.

72 a

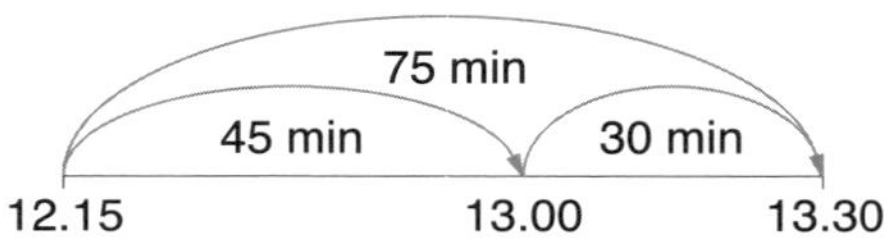

Die Vorstellung ist um **13.30** Uhr zu Ende.

b

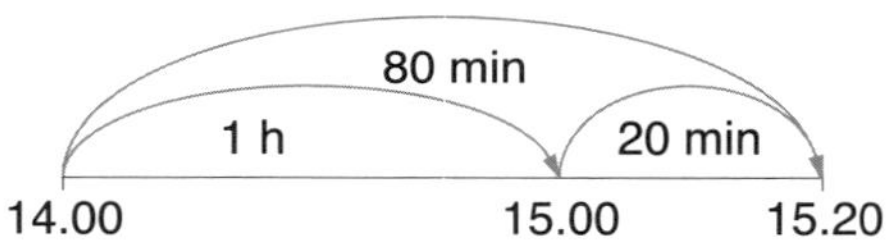

Die Aufführung hat in etwa **80** Minuten gedauert.

73 a Sie sind am Morgen des **17. April** losgefahren.

b Sie kann **10** Tage zu Hause verbringen.

c Die Klasse hat noch **26** Tage Zeit für die Vorbereitungen.

d Die Einladungen sollten spätestens am **26. Mai** fertig sein.

Rechnen mit Längenmaßen

74

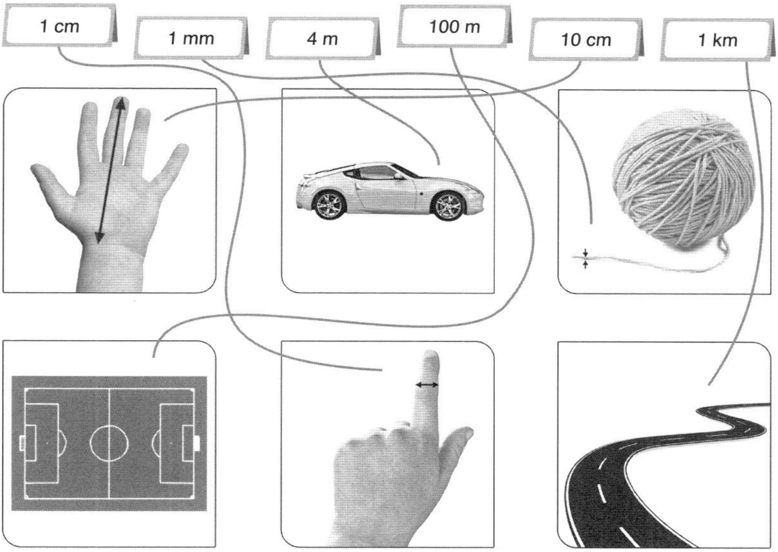

75 *Lösungen bitte mit dem Lineal nachmessen.*

76

a 4 cm 2 mm = 4,2 cm
b 5 cm 5 mm = 5,5 cm
c 11 cm 8 mm = 11,8 cm
d 2 cm 1 mm = 2,1 cm
e 9 cm 7 mm = 9,7 cm
f 100 mm = 10 cm

77

a
123 cm = **1** m **23** cm
450 cm = **4** m **50** cm
8600 m = **8** km **600** m
7200 m = **7** km **200** m

b
10250 m = **10** km **250** m
2050 cm = **20** m **50** cm
360 cm = **3** m **60** cm
12600 m = **12** km **600** m

c
5,750 km = **5750** m
6,35 m = **635** cm
9,45 m = **945** cm
1,045 km = **1045** m

d
6,250 km = **6250** m
2,007 km = **2007** m
5,28 m = **528** cm
0,763 km = **763** m

78

a
13 mm (<) 1,5 cm
28 cm (>) 28 mm
4,5 cm (=) 45 mm
5,8 cm (<) 60 mm

b
245 mm (<) 24,5 m
4,98 m (=) 498 cm
1 357 cm (>) 13,52 m
85 mm (<) 0,85 m

79

a
250 m + 650 m = **900 m**
85 cm + 5 cm = **90 cm**
35 cm + 35 cm = **70 cm**
450 m + 155 m = **605 m**

b
180 m + 350 m = **530 m**
64 m + 1 230 cm = **76,30 m**
81 m + 3 150 cm = **112,50 m**
26 cm + 280 m = **280,26 m**

c
1 km 465 m + 145 m = **1 km 610 m = 1,610 km**
5 km 270 m + 750 m = **6 km 20 m = 6,020 km**
2 km 115 m + 565 m = **2 km 680 m = 2,680 km**
3 km 395 m + 665 m = **4 km 60 m = 4,060 km**

80

a
2,50 m = 1,20 m + 1,20 m + 0,10 m → 2 Stäbe
1,80 m = 1,20 m + 0,60 m → 1 Stab
3,60 m = 1,20 m + 1,20 m + 1,20 m → 3 Stäbe
2,10 m = 1,20 m + 0,90 m → 1 Stab
4,20 m = 1,20 m + 1,20 m + 1,20 m + 0,60 cm → 3 Stäbe
Aus den Stäben können sie **10** Mikadostäbe sägen.

b
Bei dem Stab mit der Länge **2,10 m** bleiben **0,90 m** übrig.

c
Bei dem Stab mit der Länge **3,60 m** bleibt nichts übrig.

81

a
36 m + 20 m + 35 m + 25 m + 25 m = 141 m
Sophie ist 141 Meter gelaufen.

b
65 m + 36 m + 20 m + 35 m = 156 m
Leons Oma hat 156 Meter zurückgelegt.

c
35 m + 25 m + 30 m + 30 m + 25 m + 35 m + 20 m = 200 m
Annas Cousine ist 200 Meter gelaufen.

Rechnen mit Gewichten

82

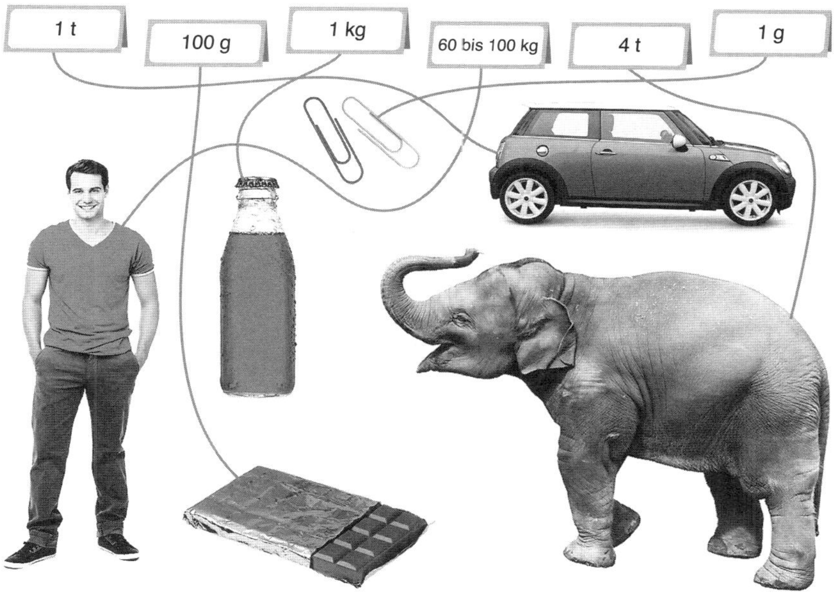

83 a 2 500 g = **2** kg **500** g
1 800 g = **1** kg **800** g
3 600 kg = **3** t **600** kg
8 600 kg = **8** t **600** kg

b 1,850 t = **1 850** kg
1,250 kg = **1 250** g
4,500 kg = **4 500** g
3,750 t = **3 750** kg

84 a 170 g < 1,7 kg
240 g < 240 kg
6,5 kg = 6 500 g
1 540 g > 1,450 kg

b 2 450 kg < 24,5 t
4,98 t = 4 980 kg
1 357 g > 13,52 g
85 kg < 0,85 t

c 1,25 t < 1 500 kg
75 t > 0,75 kg
25 500 kg = 25,5 t
3,25 t < 34 000 kg

85 a 1,250 t < 1 t 450 kg < 1 500 kg < 1 t 600 kg
b 5 t 250 kg < 5,5 t < 5,750 t < 5 800 kg
c 450 kg < 0,800 t < 1 t 150 kg < 1 250 kg
d 1 950 g < 2,0 kg < 2,3 kg < 2 kg 400 g

86 a

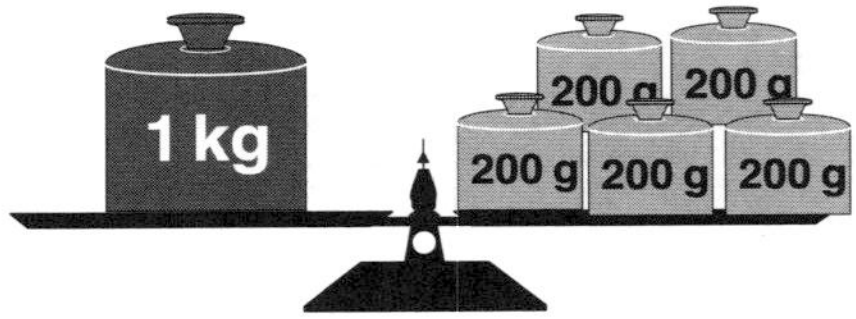

b

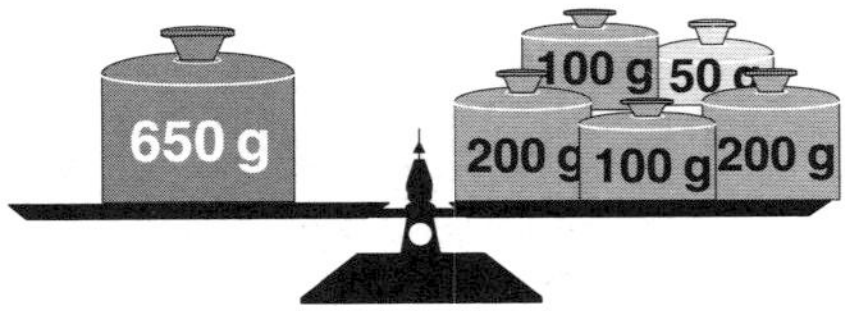

c

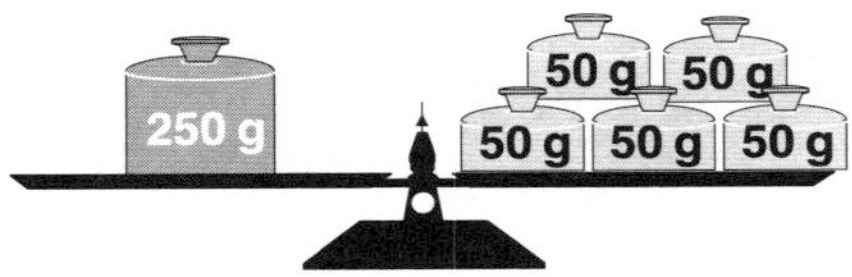

87 Leergewicht: 6,5 t Ladung: **3,5 t** Gesamtgewicht: 10 t

Leergewicht	Ladung	Gesamtgewicht
5 t	3 000 kg	**8 t (= 8 000 kg)**
5,5 t (= 5 500 kg)	4,5 t	10 000 kg
7,5 t	**4,5 t (= 4 500 kg)**	12 t
4,5 t (= 4 500 kg)	5,2 t	9,7 t
6,5 t	2 t 500 kg	**9 t (= 9 000 kg)**
6 t	**5,2 t (= 5 200 kg)**	11,2 t
7 000 kg	4 t	**11 t (= 11 000 kg)**
8 t (= 8 000 kg)	5,8 t	13 800 kg

88 a
350 g + **400 g** = 750 g
690 g + **110 g** = 800 g
320 g + **180 g** = 500 g
190 g + **60 g** = 250 g

b
150 g + 850 g = 1 kg
350 g + 150 g = 500 g
500 g + 250 g = 750 g
1 kg + 500 g = 1,5 kg

89 a
250 g + 150 g = **400 g**
470 g + 290 g = **760 g**
630 g + 670 g = **1 300 g**
840 g + 280 g = **1 120 g**

b
1 kg + 250 g = **1 250 g**
1 200 g + 1 kg = **2 200 g**
500 g + 1,5 kg = **2 kg**
1 750 g + 250 g = **2 kg**

90 10 · 800 g = 8 000 g
12 · 100 g = 1 200 g
8 000 g + 1 200 g + 12 000 g = 21 200 g = 21,2 kg
Er hat **21,2** Kilogramm Lebensmittel gekauft.

91 7,5 kg · 2 = 15 kg
15 kg = 12 kg + 3 kg
Sie muss noch 3 kg Mehl kaufen.

92 3 t = 1,2 t · 2 + 0,6 t
Der Anhänger muss dreimal beladen werden.

93

94 ★ = *800 g* ▲ = *100 g*

95

96 ★ = *1 kg* ▲ = *200 g*

Rechnen mit Hohlmaßen

97

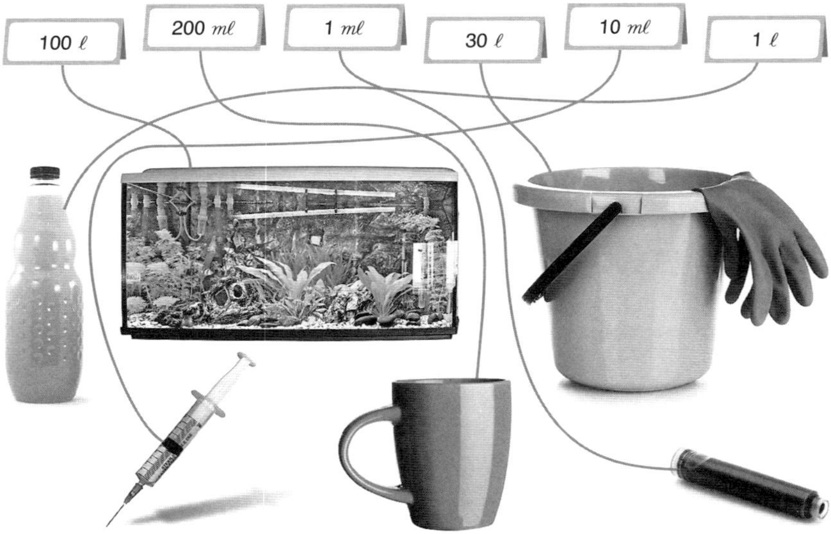

98 *Lösungsvorschläge:*
2 Milchkannen: 500 mℓ + 500 mℓ = 1 ℓ
5 große Tassen: 200 mℓ + 200 mℓ + 200 mℓ + 200 mℓ + 200 mℓ = 1 ℓ
1 Milchkanne, 1 Tasse und 3 kleine Gläser:
500 mℓ + 200 mℓ + 100 mℓ + 100 mℓ + 100 mℓ = 1 ℓ

99 a 10 ℓ + 5 ℓ= 15 ℓ
300 ℓ : 15 ℓ = 20
Er muss **20**-mal gehen.

b 300 ℓ : 25 ℓ = 12
Es dauert **12 Minuten**.

100 a 350 mℓ + 0,4 ℓ + 0,5 ℓ = 350 mℓ + 400 mℓ + 500 mℓ = 1 250 mℓ
Das Rezept ergibt **1 250 mℓ** Vampirella-Cocktail.

b 1 250 mℓ: 250 mℓ = 5
Es können **5** Gläser gefüllt werden.

c 50 : 5 = 10
Sie müssen den Cocktail **10**-mal herstellen.

d $350\ m\ell \cdot 10 = 3\,500\ m\ell = 3{,}5\ \ell$
$0{,}4\ \ell \cdot 10 = 4\ \ell$
$0{,}5\ \ell \cdot 10 = 0{,}5\ \ell \cdot 10 = 5\ \ell$
Sie brauchen **3,5 ℓ** Kirschsaft, **4 ℓ** Johannisbeersaft und **5 ℓ** Mineralwasser.

101 $1\,000\ m\ell = 1\ \ell$, $500\ m\ell = \frac{1}{2}\ \ell$, $250\ m\ell = \frac{1}{4}\ \ell$, $750\ m\ell = \frac{3}{4}\ \ell$

102 a
$1\,500\ m\ell = \mathbf{1}\ \ell\ \mathbf{500}\ m\ell$
$2\,800\ m\ell = \mathbf{2}\ \ell\ \mathbf{800}\ m\ell$
$4\,200\ m\ell = \mathbf{4}\ \ell\ \mathbf{200}\ m\ell$
$2\,250\ m\ell = \mathbf{2}\ \ell\ \mathbf{250}\ m\ell$
$3\,657\ m\ell = \mathbf{3}\ \ell\ \mathbf{657}\ m\ell$
$7\,329\ m\ell = \mathbf{7}\ \ell\ \mathbf{329}\ m\ell$

b
$2{,}5\ \ell = \mathbf{2\,500}\ m\ell$
$8{,}6\ \ell = \mathbf{8\,600}\ m\ell$
$1{,}7\ \ell = \mathbf{1\,700}\ m\ell$
$0{,}75\ \ell = \mathbf{750}\ m\ell$
$14{,}8\ \ell = \mathbf{14\,800}\ m\ell$
$0{,}32\ \ell = \mathbf{320}\ m\ell$

103
$\frac{1}{2}\ \ell = 0{,}5\ \ell = \mathbf{500\ m\ell}$
$\frac{1}{4}\ \ell = 0{,}25\ \ell = \mathbf{250\ m\ell}$
$\frac{3}{4}\ \ell = 0{,}75\ \ell = \mathbf{750\ m\ell}$
$1\frac{1}{4}\ \ell = 1{,}25\ \ell = \mathbf{1\,250\ m\ell}$
$1\frac{1}{2}\ \ell = 1{,}5\ \ell = \mathbf{1\,500\ m\ell}$
$1\frac{3}{4}\ \ell = 1{,}75\ \ell = \mathbf{1\,750\ m\ell}$

104 a
$0{,}2\ \ell < \frac{1}{4}\ \ell$
$650\ m\ell > \frac{1}{2}\ \ell$
$800\ m\ell = 0{,}8\ \ell$
$120\ m\ell < 12\ \ell$
$0{,}5\ \ell > 0{,}25\ \ell$

b
$0{,}33\ m\ell > 300\ m\ell$
$\frac{3}{4}\ \ell > 700\ m\ell$
$200\ m\ell = 0{,}2\ \ell$
$500\ m\ell < 550\ m\ell$
$250\ m\ell < 25\ \ell$

105 a
$330\ m\ell + \mathbf{670\ m\ell} = 1\ \ell$
$500\ m\ell + \mathbf{500\ m\ell} = 1\ \ell$
$750\ m\ell + \mathbf{250\ m\ell} = 1\ \ell$

b
$125\ m\ell + \mathbf{875\ m\ell} = 1\ \ell$
$200\ m\ell + \mathbf{800\ m\ell} = 1\ \ell$
$10\ m\ell + \mathbf{990\ m\ell} = 1\ \ell$

c
$0{,}2\ \ell + \mathbf{0{,}8\ \ell} = 1\ \ell$
$0{,}7\ \ell + \mathbf{0{,}3\ \ell} = 1\ \ell$
$0{,}25\ \ell + \mathbf{0{,}75\ \ell} = 1\ \ell$

d
$0{,}5\ \ell + \mathbf{0{,}5\ \ell} = 1\ \ell$
$0{,}75\ \ell + \mathbf{0{,}25\ \ell} = 1\ \ell$
$0{,}4\ \ell + \mathbf{0{,}6\ \ell} = 1\ \ell$

106 a Ich muss es 5-mal füllen.
b Ich muss es 2-mal füllen.

107 a

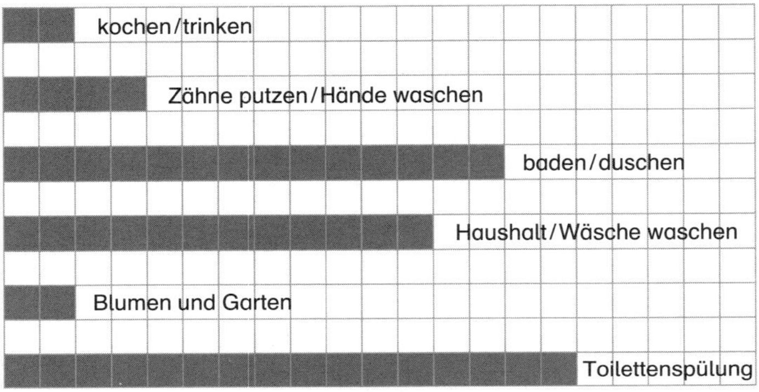

b 5 ℓ + 10 ℓ + 35 ℓ + 30 ℓ + 5 ℓ + 40 ℓ = 125 ℓ
Eine Person verbraucht am Tag **125 ℓ** Wasser.

c 125 ℓ · 7 = 875 ℓ
Eine Person verbraucht in einer Woche **875 ℓ** Wasser.

d 125 ℓ · 4 = 500 ℓ
Eine vierköpfige Familie verbraucht am Tag **500 ℓ** Wasser.

e 500 ℓ · 365 = 182 500 ℓ
Eine vierköpfige Familie verbraucht im Jahr **182 500 ℓ** Wasser.

108 50 ℓ : 5 ℓ = 10
Leons Onkel muss die Gießkanne **10-mal** füllen.

109 10 ℓ + 5 ℓ = 15 ℓ

Überlegung: Leon und sein Onkel können zusammen immer mit genau 15 ℓ gießen. Deshalb muss der Rasensprenger so lange laufen, bis die versprühte Wassermenge ein Vielfaches von 15 ist (Wassermenge = 15 · ?).

Mögliche Lösung: Der Rasensprenger läuft 3 h. In dieser Zeit kommen aus dem Schlauch 150 ℓ Wasser. Wie oft müssen Leon und sein Onkel ihre Gießkannen füllen, um die andere Gartenhälfte mit 150 ℓ Wasser zu gießen?
150 ℓ : 15 ℓ = 10

Antworten:
Der Rasensprenger muss **3 h** laufen.
Sie müssen die Gießkannen **10-mal** füllen.

Rechnen mit Geschwindigkeiten

110 a

	$\frac{1}{4}$ h	$\frac{1}{2}$ h	1 h	2 h	4 h	5 h
Fußgänger	1 km	**2 km**	**4 km**	**8 km**		
Fahrrad	**5 km**	10 km	**20 km**	**40 km**		
Auto	**20 km**	**40 km**	80 km	**160 km**	**320 km**	**400 km**
Zug	**40 km**	**80 km**	**160 km**	320 km	**640 km**	**800 km**
Flugzeug	**200 km**	**400 km**	**800 km**	**1600 km**	3200 km	**4000 km**

b

	Geschwindigkeit in km/h
Fußgänger	**4 km/h**
Fahrrad	**20 km/h**
Auto	**80 km/h**
Zug	**160 km/h**
Flugzeug	**800 km/h**

111

	1 s	1 min	10 min	30 min	1 h
Julius	**3 m**	**180 m**	**1800 m**	**5400 m**	**10800 m**
Maria	**2,5 m**	**150 m**	**1500 m**	**4500 m**	**9000 m**
Lotta	**3,5 m**	**210 m**	**2100 m**	**6300 m**	**12600 m**
Rati	**4 m**	**240 m**	**2400 m**	**7200 m**	**14400 m**
Simon	**2 m**	**120 m**	**1200 m**	**3600 m**	**7200 m**

112

	Zeit für 50 m	Zeit für 100 m
Leon	30 s	**60 s**
Hannes	33 s	**66 s**
Paula	36 s	**72 s**
Sophie	27 s	**54 s**
Elias	28,5 s	**57 s**

113 **Usain Bolt** war schneller.
Mir ist aufgefallen, dass **Usain Bolt ungefähr doppelt so schnell gelaufen ist wie Leon**.

Vermischte Aufgaben

114 Ein Paket Mehl wiegt 1 **kg**.
Ein Tag hat 24 **h**.
In eine Milchpackung passt 1 **ℓ** Milch.
Eine Runde zum Laufen im Stadion ist 400 **m** lang.
Eine Tüte Chips wiegt etwa 250 **g**.
Eine Schulstunde hat 45 **min**.
Ein Geodreieck ist etwa 16 **cm** lang.
In ein normales Glas passen etwa 200 ***mℓ*** Wasser.
Ein Brötchen kostet beim Bäcker etwa 30 **ct**.
Ein Paar Schuhe kostet etwa 60 **€**.

115

2 km 500 m	**1 kg 500 g**	0 ℓ 750 *mℓ*	**6 h 30 min**	0 m 25 cm	8 kg 500 g	**3 h 0 min**	**0 ℓ 500 *mℓ***
2,5 km	1,5 kg	0,750 ℓ	6,5 h	0,25 m	**8,5 kg**	**3,0 h**	0,5 ℓ
2500 m	1500 g	**750 *mℓ***	**390 min**	**25 cm**	**8500 g**	180 min	**500 *mℓ***

116
a 15 ct < 0,45 € < 50 ct < 1,50 € < 150 €
b 15 min < $\frac{1}{2}$ h < 35 min < $\frac{3}{4}$ h < 90 min
c 10 cm < 0,5 m < 75 cm < $1\frac{1}{4}$ m < 750 cm
d $\frac{1}{4}$ kg < $\frac{1}{2}$ kg < 0,505 kg < 550 g < 2500 g
e $\frac{1}{4}$ ℓ < 500 *mℓ* < $\frac{3}{4}$ ℓ < 1,5 ℓ < 7500 *mℓ*

117 a

1. Zeitpunkt	Zeitdauer	2. Zeitpunkt
7.00 Uhr	6 h 0 min	**13.00 Uhr**
7.30 Uhr	**7 h**	14.30 Uhr
16.00 Uhr	1 h 30 min	**17.30 Uhr**
18.15 Uhr	2 h 15 min	20.30 Uhr
21.00 Uhr	**30 min**	21.30 Uhr
22.00 Uhr	8 h 45 min	**6.45 Uhr**

b

Leergewicht	Ladung	Gesamtgewicht
1,9 t	700 kg	**2,6 t**
3,5 t	1 t 200 kg	**4,7 t**
0,9 t	**0,9 t**	1,8 t
2,7 t	1,5 t	4,2 t
1,2 t	0,6 t	1,8 t
7,5 t	**1,7 t**	9,2 t

c

Anfangsvolumen	zugegebene Flüssigkeit	Endvolumen
1,6 ℓ	4200 mℓ	**5,8 ℓ**
2800 mℓ	**400 mℓ**	3,2 ℓ
5500 mℓ	**4,5 ℓ**	10 ℓ
7,2 ℓ	1,3 ℓ	8500 mℓ
10,5 ℓ	**5 ℓ**	15500 mℓ
20300 mℓ	19,7 ℓ	**40 ℓ**

118
a Ein Kilogramm Trauben kostet **2,70 €**.
b Die Lebensmittel wurden am **04.10.2014** gekauft.
c Das Gemüse wiegt insgesamt **4 390 g**.
d Das Obst kostet insgesamt **7,65 €**.
e **Die Rispentomaten sind teurer.**
f **Die Orangen sind teurer.**
g Der Einkauf kostet insgesamt **14,95 €**.
h Der Käufer gibt dem Kassierer **20 €**.
i Der Käufer bekommt **5,05 €** zurück.

119 a **ICE 690**
b Der Zug nach Mittenwald hält um 9.01 Uhr in **Murnau**.
c Der Zug, der um 8.18 Uhr in München losfährt, heißt **RE 57406**.
d Der Zug, der nach Passau fährt, ist **135** min unterwegs.
e Auf Gleis 12 fährt der Zug nach **Klagenfurt Hbf.** ab.
f Der Zug, der in Buchloe hält, endet in **Memmingen**.
g In den Zügen **ICE 882, EC 111 und ICE 690** kann man Speisen und Getränke kaufen.
h Der Zug RE 4062 braucht von München bis nach Landshut **43** min.
i **RE 59491, EC 111, RE 57406 und RE 4062**

Übertritt in weiterführende Schulen

Test 1

1

251
111 | **140**
65 | **46** | 94

630
127 | **503**
89 | **38** | **465**

2 345
1 794 | 551
1 599 | 195 | **356**
1 551 | **48** | **147** | 209

2

$$\begin{array}{r} 5_{|}\,6_{|}\,6\;8_{|}\,1_{|}\,1 \\ -\;3\;7\;9\;2\;3\;4 \\ \hline 1\;8\;7\;5\;7\;7 \end{array}$$

3

$$\begin{array}{r} 5\;\mathbf{6}\;0\;3\;\mathbf{0} \\ +\;\mathbf{5}_1\,7\;4\;\mathbf{3}\;6 \\ \hline 1\;1\;3\;\mathbf{4}\;6\;6 \end{array}$$

4 a Skizze:

Rechnung:

Zeit Abfahrt bis Ankunft: 36 Min. + 2 Std. 10 Min. = 2 Std. 46 Min.
8 Haltestellen/je 2 Min. Halt: 8 · 2 Min. = 16 Min.
Reine Fahrzeit: 2 Std. 46 Min. – 16 Min. = 2 Std. 30 Min.

Antwort: Der Zug fährt 2 Stunden und 30 Minuten.

b Rechnung:

Zurückgelegte Strecke in 1 Std.:	82 km
Zurückgelegte Strecke in 2 Std.:	82 km · 2 = 164 km
Zurückgelegte Strecke in 30 Min.:	82 km : 2 = 41 km
Strecke in 2 Std. 30 Min.:	164 km + 41 km = 205 km

Antwort: Der Inter-Regio legt in 2 Stunden 30 Minuten eine Strecke von 205 Kilometern zurück.

5

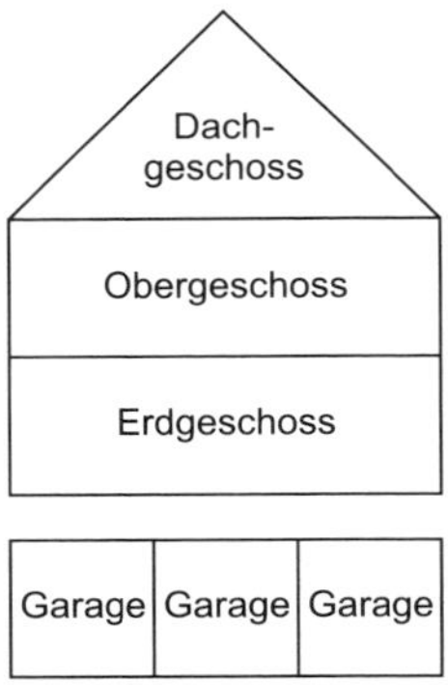

?

790 € + 55 € = 845 €
845 € · 12 = 10 140 € (pro Jahr)

790 € · 12 = 9 480 € (pro Jahr)

65 € · 3 = 195 €
195 € · 12 = 2 340 € (pro Jahr)

Mieteinnahme pro Jahr für Garagen, Erd- und Obergeschoss:
10 140 € + 9 480 € + 2 340 € = 21 960 €
Jahresmiete Dachgeschoss: 30 660 € – 21 960 € = 8 700 €
Monatsmiete Dachgeschoss: 8 700 € : 12 = 725 €

Antwort: Die Monatsmiete für die Wohnung im Dachgeschoss beträgt 725 €.

6 Skizze:

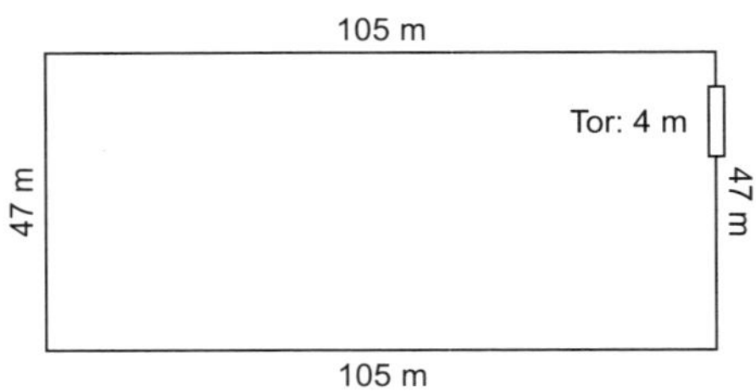

Rechnung:

Länge der Seite mit dem Tor:	47 m – 4 m = 43 m
Drahtlänge für eine Reihe:	105 m + 43 m + 105 m + 47 m = 300 m
Drahtlänge für drei Reihen:	300 m · 3 = 900 m
Preis für 1 m Draht:	1 450 ct : 10 = 145 ct

Preis für 900 m Draht: 900 · 145 ct = 130 500 ct = 1 305 €

Antwort: Der Draht für die Einzäunung kostet Herrn Moser 1 305 €.

7 14 [·] 6 – 72 △(:) 9 = 76

8 Information 1: Eine Kuckucksuhr (A) ist die sechste Uhr von links.
Information 2: Eine Kuckucksuhr (B) ist die achte Uhr von rechts.
Information 3: Dazwischen sind drei andere Uhren.

Skizze:

1 2 3 4 5 6
• B • • • A • • •
8 7 6 5 4 3 2 1

Antwort: Es stehen neun *(oder siebzehn)* Uhren im Regal.

9 Längen der Strecken (hier verkleinert):

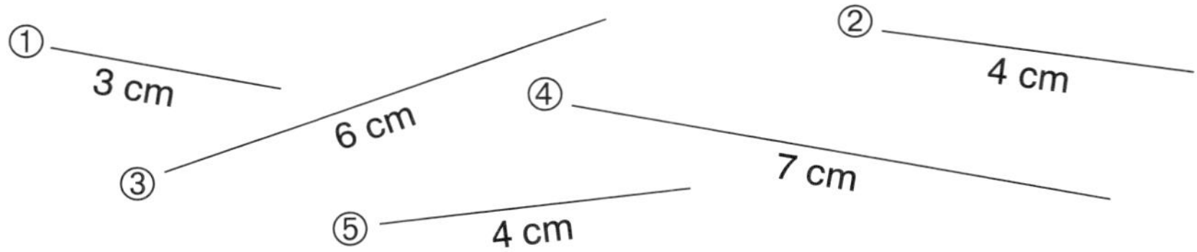

a Die Strecken ② und ⑤ sind gleich lang.
b Die Strecke ④ ist die längste Strecke.
c Die Strecke ① ist die kürzeste Strecke.

10 a

Stadt	EW-Zahl
München	**1 540 000**
Frankfurt	**730 000**
Köln	1 080 000

b

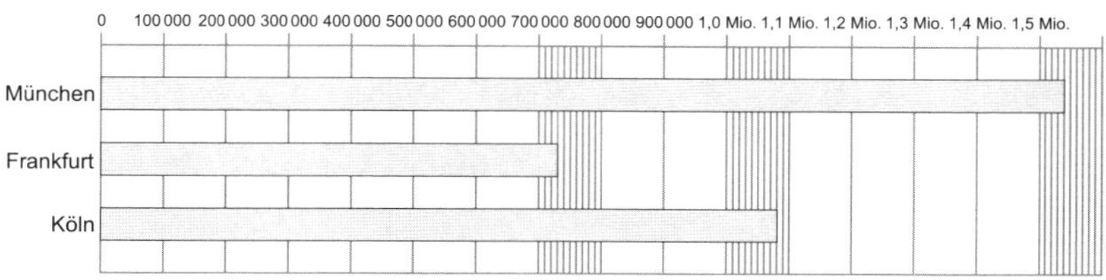

c Antwort: In Frankfurt wohnen mindestens 725 000 Menschen und höchstens 734 999 Menschen.

Test 2

1

```
   8₁ 4₁ 4₁ 2₁ 1
 – 3  5  4  6  9
 ---------------
   4  8  9  5  2
```

2

```
  7 8 6 3 0 3 : 9 = 8 7 3 6 7
– 7 2
  ---
    6 6
  – 6 3
    ---
      3 3
    – 2 7
      ---
        6 0
      – 5 4
        ---
          6 3
        – 6 3
          ---
            0
```

3 Lösungsplan:

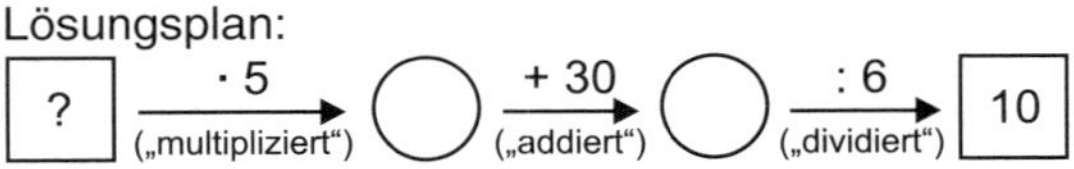

Rechnung: (10 · 6 – 30) : 5 = 6

Antwort: Leons gedachte Zahl heißt 6.

4 a Skizze:

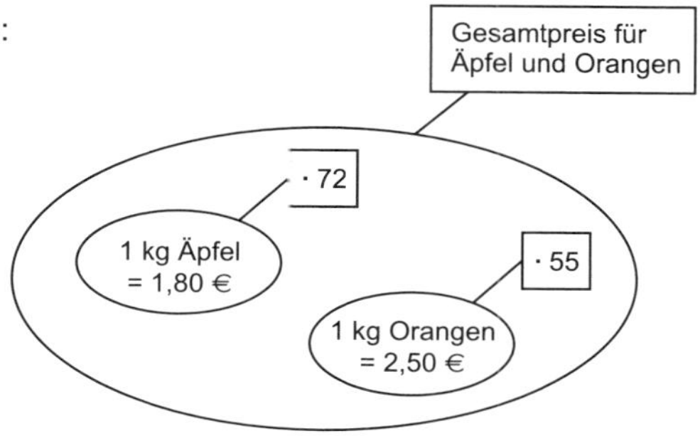

Rechnung:

```
1 8 0 ct · 7 2          2 5 0 ct · 5 5
    1 2 6 0                 1 2 5 0
        3 6 0                   1 2 5 0
    1 2 9 6 0 ct            1 3 7 5 0 ct
```

```
    1 2 9 , 6 0 €
+   1 3₁7₁, 5 0 €
    2 6 7 , 1 0 €
```

Antwort: Der Händler hat einen Gesamtpreis von 267,10 € bezahlt.

b Rechnung:

Einnahmen für Äpfel:

72 kg : 12 = 6 kg (verdorbene Äpfel)

72 kg – 6 kg = 66 kg (verkaufte Äpfel)

66 · 2,60 € → 66 · 260 ct = 17 160 ct

Einnahmen für Orangen:

55 kg – 3 kg = 52 kg (verkaufte Orangen),

davon → 32 kg zu 3 €: 32 · 300 ct = 9 600 ct

→ 10 kg zu 2,50 €: 10 · 250 ct = 2 500 ct

→ 10 kg zu 2 €: 10 · 200 ct = 2 000 ct

9 600 ct + 2 500 ct + 2 000 ct = 14 100 ct

Gesamteinnahmen:

17 160 ct + 14 100 ct = 31 260 ct = 312 € 60 ct = 312,60 €

Antwort: Obsthändler Berti nahm beim Verkauf 312,60 € ein.

5

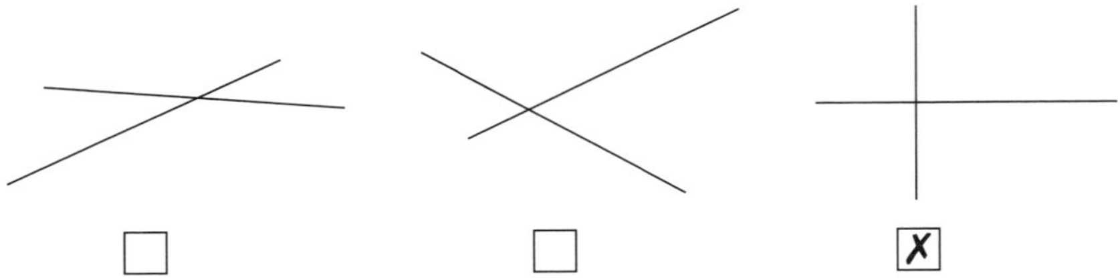

6

6 $\xrightarrow{+3}$ 9 $\xrightarrow{+9}$ 18 $\xrightarrow{+3}$ 21 $\xrightarrow{+21}$ 42 $\xrightarrow{+3}$ 45 $\xrightarrow{+45}$ 90 $\xrightarrow{+3}$ 93

$\xrightarrow{+93}$ **186** $\xrightarrow{+3}$ **189** $\xrightarrow{+189}$ **378** $\xrightarrow{+3}$ **381**

Es wird immer erst 3 addiert und die folgende Zahl dann verdoppelt.

7

```
4 0 8 · 5 6
-----------
  2 0 4 0
    2 4 4 8
-----------
  2 2 8 4 8
```

(bold digits: 4**0**8 · 5**6**; **2448**)

8 a 9.27 Uhr $\xrightarrow{\text{33 min}}$ 10.00 Uhr $\xrightarrow{\text{70 min}}$ 11.10 Uhr

33 min + 70 min = 103 min
103 min – 60 min = 43 min

Antwort: Zwischen Beginn und Ende der Wanderung liegen 1 Stunde und 43 Minuten.

b Gesamtzeit 103 min
103 min – 15 min = 88 min
88 min : 2 = 44 min

Startzeit Pause 9.27 Uhr $\xrightarrow{\text{+ 44 min}}$ 10.11 Uhr

Ende Pause 10.11 Uhr $\xrightarrow{\text{+ 15 min}}$ 10.26 Uhr

Antwort: Die Pause beginnt um 10.11 Uhr und endet um 10.26 Uhr.

9 **90** · 3 – **90** : 3 = 240

10 Frage: Was berechnet die Werkstatt für eine Arbeitsstunde?

Streifendiagramm:

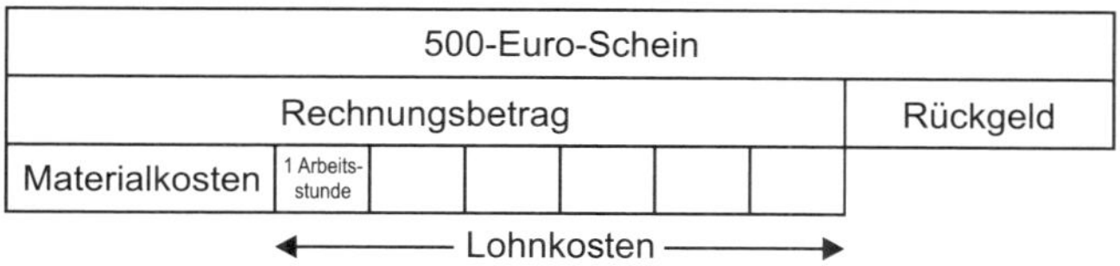

Rechnung:

Rechnungsbetrag

```
  5₁0₁0₁0₁0 ct
–    4 4 8 5 ct
  4 5 5 1 5 ct
```

Materialkosten (Öl)

```
1 5 9 5 ct · 3
  4 7 8 5 ct
```

Materialkosten (Zündkerzen)

```
6 5 0 ct · 4
    2 6 0 0 ct
```

Materialkosten (gesamt)

```
      4 7 8 5 ct
      2 6 0 0 ct
+ ₁   3₁3₁3 0 ct
    1 0 7 1 5 ct
```

Lohnkosten

```
  4 5₁5 1 5 ct
– 1 0 7 1 5 ct
  3 4 8 0 0 ct
```

Stundenlohn

```
  3 4 8 0 0 ct : 6 = 5 8 0 0 ct = 58 €
– 3 0
    4 8
  – 4 8
      0
```

Antwort: Die Werkstatt berechnet für eine Arbeitsstunde 58 €.

Test 3

1

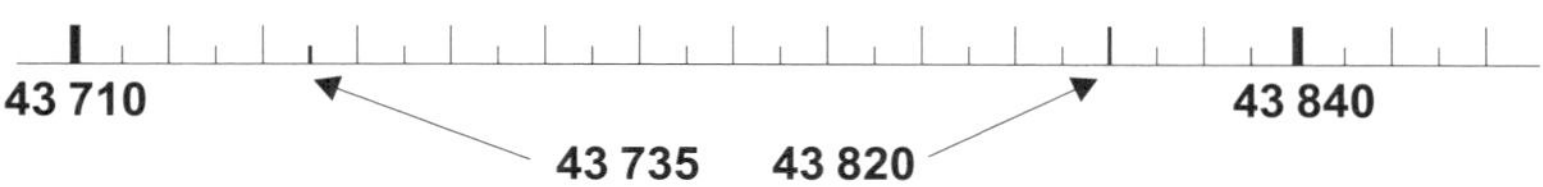

2 Multiplikation

```
3 0 8 4 · 4 7
  1 2 3 3 6
    2 1 5₁8 8
  1 4 4 9 4 8
```

Addition:

```
    1 4 4 9 4 8
+ 7 4 0₁7₁8₁9
    8 8 5 7 3 7
```

3

1 0 5 3 **6** : 8 = 1 **3** **1** **7**
– **8**
2 5
– 2 4
1 **3**
– **8**
5 **6**
– **5** **6**
0 0

4 Skizze:

Eva	Rosa	Mona
?	? + 3 Jahre	? – 4 Jahre

Alter von Eva = Alter von Rosa – 3 Jahre und Alter von Mona + 4 Jahre

Rechnung:
Wären alle 3 gleich alt: 50 Jahre – 3 Jahre + 4 Jahre = 51 Jahre
51 : 3 = 17 → Bei gleichem Alter ist jede der Schwestern 17 Jahre alt.
Tatsächliches Alter:
Eva: 17 Jahre
Rosa: 17 Jahre + 3 Jahre = 20 Jahre
Mona: 17 Jahre – 4 Jahre = 13 Jahre

Antwort: Eva ist 17 Jahre, Rosa 20 Jahre und Mona 13 Jahre alt.

5
a 8 km [=] 800 000 cm
b 5 h 45 min [<] 545 min
c 5 kg 310 g [>] 5 300 g

6

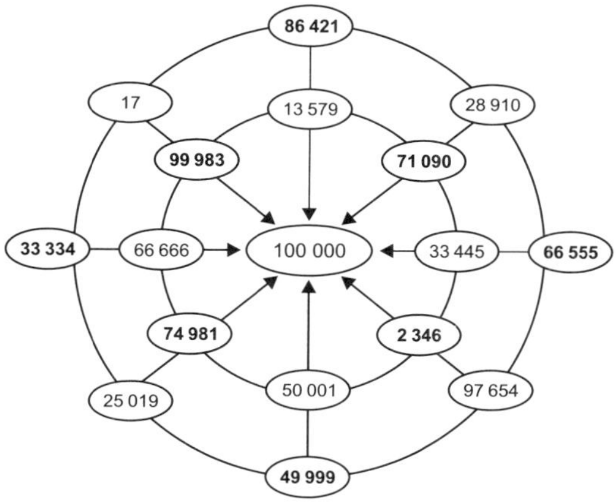

7 Rechnung:

Geladenes Gewicht:	2 276 · 34 kg = 77 384 kg
	2 323 · 54 kg = 125 442 kg
	77 384 kg + 125 442 kg = 202 826 kg
Nutzlast:	210 t = 210 000 kg
Freie Nutzlast:	210 000 kg – 202 826 kg = 7 174 kg
Zahl restliche Kisten:	7 174 kg : 8 kg = 896 R 6

Antwort: Es dürfen noch 896 Kisten aufgeladen werden.

8 Skizze/Rechnung:

Anzahl der Stücke: 600 cm : 60 cm = 10

Anzahl der Schnitte:

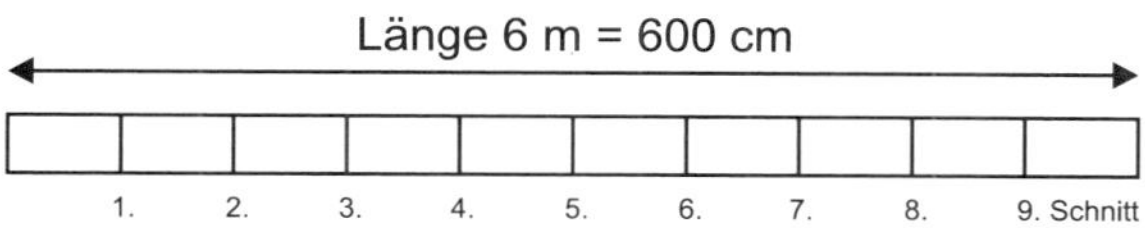

Zeit für einen Schnitt:	3 Min.
Zeit für 9 Schnitte:	9 · 3 Min. = 27 Min.

Antwort: Waldarbeiterin Ast braucht 27 Minuten für ihre Arbeit.

9 Lösungsplan / Rechnung:
Gesamteinnahmen [:] 10 [=] Spende
6 300 € : 10 = 630 €

Gesamteinnahmen [−] Spende [=] Eintrittsgelder
6 300 € − 630 € = 5 670 €

Anzahl Gäste zu 14 € [·] 14 € [=] Einnahmen 14-€-Plätze
207 · 14 € = 2 898 €

Eintrittsgelder [−] Einnahmen 14-€-Plätze [=] Einnahmen 9-€-Plätze
5 670 € − 2 898 € = 2 772 €

Einnahmen 9-€-Plätze [:] 9 € [=] Anzahl Gäste zu 9 €
2 772 € : 9 € = 308

Anzahl Gäste zu 14 € [+] Anzahl Gäste zu 9 € [=] Gesamtzahl Gäste
207 + 308 = 515

Antwort: Es waren insgesamt 515 Theatergäste bei der Vorstellung anwesend.

10 Rechnung:
Täglicher Wasserverbrauch der Familie: 132 ℓ · 5 = 660 ℓ
Jährlicher Wasserverbrauch der Familie: 660 ℓ · 365 = 240 900 ℓ

Antwort: Die Familie verbraucht 240 900 ℓ Wasser im Jahr.

11

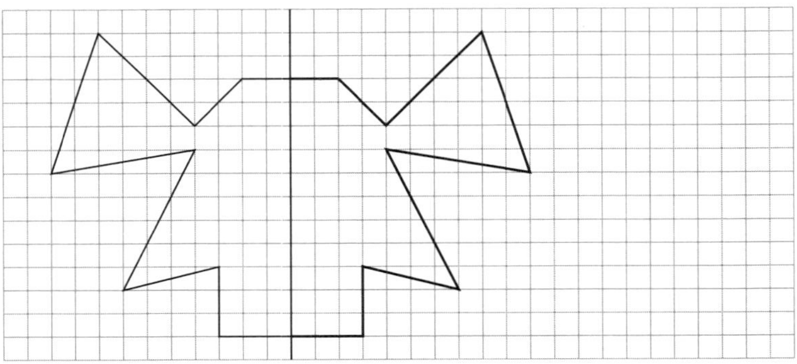

12 a Antwort: Es werden 25 Stofftiere hergestellt.

b 40 + 25 = 65
100 – 65 = 35
Antwort: Es werden
35 Fußbälle hergestellt.

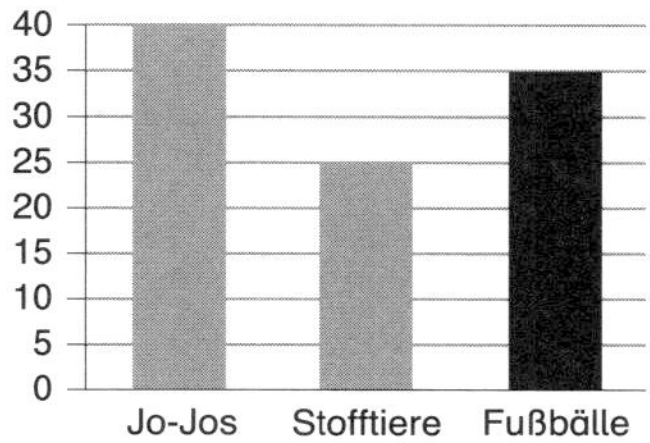

c Fußbälle: 96 € · 1 = 96 €
Stofftiere: 28 € · 5 = 140 €
Jo-Jos: 40 · 10 ct = 4 €; 4 € · 5 = 20 €
Gesamt: 96 € + 140 € + 20 € = 256 €

Antwort: Die Produktionskosten pro Woche betragen 256 €.

Test 4

1

```
  2 8 9 8 3 5 : 7 = 4 1 4 0 5
– 2 8
    0 9
  –   7
      2 8
    – 2 8
        0 3
      –   0
          3 5
        – 3 5
              0
```

2 a

$$
\begin{array}{r}
7\,5\,\mathbf{8}\,2\,8 \\
+\ 1\,\mathbf{4}\,0_1\,7_1\,\mathbf{6} \\
\hline
\mathbf{8}\,9\,9\,\mathbf{0}\,4
\end{array}
$$

b

$$
\begin{array}{r}
3\,\mathbf{6}\,4 \cdot \mathbf{8}\,7 \\
\hline
2\,\mathbf{9}\,\mathbf{1}\,2 \\
{}_1 2\,5\,4\,8 \\
\hline
\mathbf{3\,1\,6\,6\,8}
\end{array}
$$

3 Skizze/Rechnung:
Herr Gebegern verteilt die Summe eigentlich auf acht „gleiche Teile“ (denn jede Tochter zählt doppelt): 324 000 € : 8 = 40 500 € (entspricht „einem Teil“)

← 324 000 € →

Sohn	Sohn	Tochter	Tochter	Tochter
40 500 €	40 500 €	2 · 40 500 € = 81 000 €	2 · 40 500 € = 81 000 €	2 · 40 500 € = 81 000 €

Antwort: Die Söhne bekommen jeweils 40 500 €, jede Tochter erhält 81 000 €.

4 Skizze/Rechnung:

1. Zahl + 2. Zahl + 3. Zahl + 4. Zahl = Ergebnis

3. Zahl = 19 000
2. Zahl = 19 000 + 9 240 = 28 240
1. Zahl = 28 240 – 590 = 27 650

27 650 + 28 240 + 19 000 + ? = 90 240

4. Zahl = 27 650 + 28 240 + 19 000 = 74 890
90 240 – 74 890 = 15 350

Antwort: Die gesuchte vierte Zahl heißt 15 350.

5

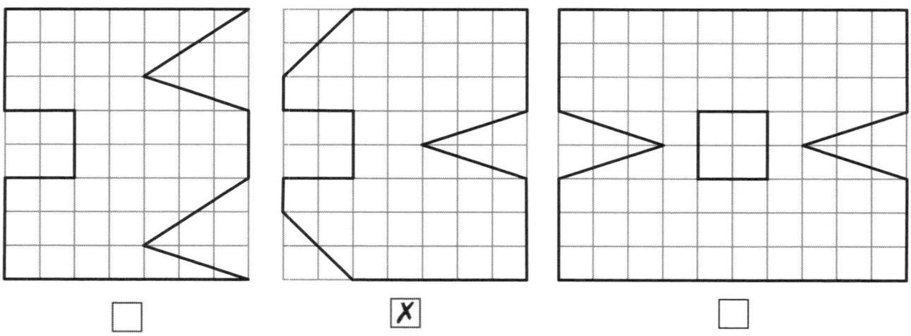

6 Frage: Kann sich Herr Schuster das Hobby leisten?

Lösungsplan/Rechnung:
Futterkosten gesamt pro Monat · 12 = jährliche Futterkosten für 3 Hunde
127,50 € · 12 = 1 530 €

jährliche Tierarztkosten pro Hund [·] 3 [=] jährliche Tierarztkosten für 3 Hunde
275 € · 3 = 825 €

jährliche Futterkosten [+] jährliche Tierarztkosten [+] jährliche sonstige Kosten [=] jährliche Gesamtkosten für 3 Hunde
1 530 € + 825 € + 450 € = 2 805 €

Jahreseinkommen [:] 8 [=] verfügbares Geld für das Hobby
42 600 € : 8 = 5 325 €

verfügbares Geld für das Hobby [–] jährliche Gesamtkosten [=] Restgeld
5 325 € – 2 805 € = 2 520 €

Antwort: Herr Schuster kann sich das Hobby leisten, es bleiben 2 520 € übrig.

7

100	16	76
40	64	**88**
52	**112**	**28**

156	**336**	84
120	192	**264**
300	**48**	228

8
a 9 kg 19 g = **9 019 g**
b 18,5 km = **18 500 m**

9
a

Päckchenanzahl	2	5	**7**	9
Preis	5,20 €	**13 €**	18,20 €	**23,40 €**

Preis für ein Päckchen: 5,20 € : 2 = 2,60 €

5 · 2,60 € = 13 €
18,20 € : 2,60 € = 7
9 · 2,60 € = 23,40 €

b 168 : 8 = 21

Antwort: Es sind 21 Spieler in einer Mannschaft.

c Lösungsplan/Rechnung:
geschenkte Sticker [+] eingeklebte Sticker [=] vorhandene Sticker
69 : 3 + 89 = 23 + 89 = 112

Anzahl der Spieler im Album [–] vorhandene Sticker [=] fehlende Sticker
168 – 112 = 56

Antwort: Leon braucht noch 54 Fußballsticker.

Test 5

1

a 805 cm = **8,05 m**

b 4 500 cm = **45 000 mm**

c 120 min = **7 200 s**

d 5 h 35 min = **335 min**

2 Lösungsplan/Rechnung:

Kosten Haferflocken:
300 g : 100 g = 3 0,90 € · 3 = 2,70 €
Kosten Getreide:
100 g : 20 g = 5 4,00 € : 5 = 0,80 €
Kosten Kräuter:
400 g : 100 g = 4 1,70 € · 4 = 6,80 €

Gesamtkosten: 2,70 € + 0,80 € + 6,80 € = 10,30 €

Antwort: Sophie muss 10,30 € bezahlen.

3

a [X] Wie viele Lastwagen können die gleiche Menge Steinkohle transportieren wie ein Frachtschiff? (**74 Lastwagen**)

Lösungsplan/Rechnung:

Transportmenge Schiff [:] Transportmenge Lkw [=] Anzahl Lkw

```
  2 2 0 0 : 3 0 = 7 3 Rest 1 0
– 2 1 0
    1 0 0
–     9 0
      1 0
```

b [X] Wie viel Steinkohle transportieren fünf Lastwagen und ein Güterzug? (**598 t**)

Rechnung:
5 Lastwagen transportieren: 5 · 30 t = 150 t
1 Güterzug transportiert: 16 · 28 t = 448 t
150 t + 448 t = 598 t

c [ ] Welches Transportmittel ist am umweltfreundlichsten?

Antwort: Die Frage ist rechnerisch nicht zu lösen!

d [ ] Mit welchem Transportmittel wird die gleiche Menge Steinkohle am schnellsten transportiert?

Antwort: Die Frage ist rechnerisch nicht zu lösen! (Es fehlen wichtige Angaben, z. B. Zeitangaben.)

e ☒ Wie viele t Steinkohle transportiert ein Güterzug? (**448 t**)

Rechnung: 1 Güterzug transportiert: 16 · 28 t = 448 t
(Kann auch aus Aufgabe b übernommen werden.)

f ☐ Bei welchem Transportmittel braucht man das meiste Personal für den Transport?

Antwort: Die Frage ist rechnerisch nicht zu lösen! (Es fehlen wichtige Angaben, z. B. Angaben zu den benötigten Arbeitskräften.)

4 a

331; (+ 1) **332**; (+ 2) 334; (+ 3) 337; (+ 4) 341; (+ 5) 346; (+ 6) 352; (+ 7) **359**; (+ 8) **367**

Es wurde immer eine Zahl addiert, die um eins höher ist als diejenige, die davor addiert wurde.

b **215**; **218**; 213; 216; 211; 214; 209; 212; 207; **210**; **205**

Auf eine ungerade Zahl folgt eine gerade Zahl in fallender Weise.

5 Rechnung:
6 km 720 m = 6 720 m

Streckenabschnitte:	6 720 m : 48 m = 140
Anzahl der Bäume:	
pro Seite:	140 Bäume + 1 Baum am Anfang = 141 Bäume
insgesamt:	141 Bäume · 2 = 282 Bäume

Antwort: Es stehen insgesamt 282 Bäume an der Allee.

6

```
  3 8 4 4 9 6 : 7 = 5 4 9 2 8
– 3 5
    3 4
    2 8
      6 4
    – 6 3
        1 9
      – 1 4
          5 6
        – 5 6
            0
```

Probe: 5 4 9 2 8 · 7 = 3 8 4 4 9 6

7 Frage: Wer muss für den Fernseher mehr bezahlen?

Lösungsplan/Rechnung Anna und Eltern:
Angebotspreis [:] 9 [=] Nachlass
1 170 € : 9 = 130 €

Angebotspreis [–] Nachlass [=] Preis Anna und Eltern
1 170 € – 130 € = 1 040 €

Lösungsplan/Rechnung Herr Zweifel:
Angebotspreis [:] 3 [=] Höhe der Anzahlung
1 170 € : 3 = 390 €

Monatsrate [·] 12 [=] Zahlung durch Raten
75 € · 12 = 900 €

Anzahlung [+] Ratenzahlung [=] Preis Herr Zweifel
390 € + 900 € = 1 290 €

Vergleich der Preise: 1 290 € – 1 170 € = 120 €

Antwort: Herr Zweifel muss bei Ratenzahlung für den gleichen Fernseher 120 € mehr bezahlen.

8

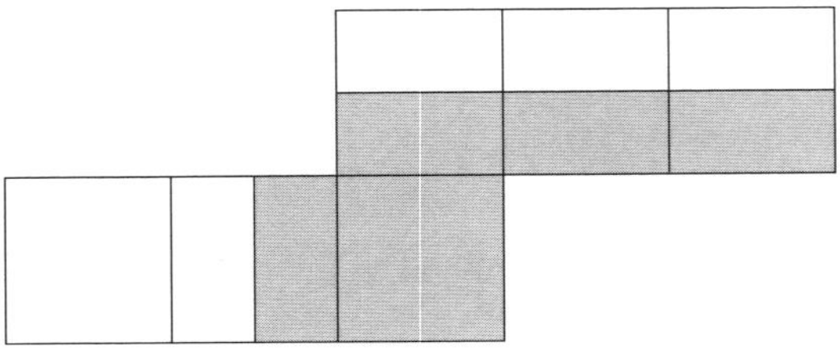

Test 6

1

```
  6 1 0 2 2 8 : 8 = 7 6 2 7 8 R 4
– 5 6
  ———
    5 0
  – 4 8
    ———
      2 2
    – 1 6
      ———
        6 2
      – 5 6
        ———
          6 8
        – 6 4
          ———
            4
```

Probe:

```
7 6 2 7 8 · 8          6 1 0 2 2 4
—————————————        +           4
  6 1 0 2 2 4        —————————————
                       6 1 0 2 2 8
```

2

Drahtbedarf für Kantenmodell =
4 · Länge + 4 · Breite + 4 · Höhe

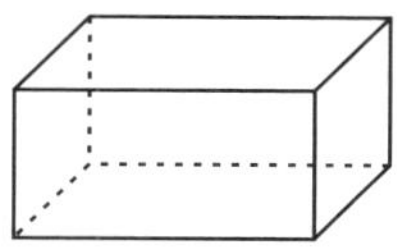

Länge: 8 cm · 4 = 32 cm
Breite: 6 cm · 4 = 24 cm
32 cm + 24 cm = 56 cm
68 cm – 56 cm = 12 cm
Höhe: 12 cm : 4 = 3 cm

Antwort: Der Quader kann höchstens 3 cm hoch werden.

3

Apfelsaft: 400 € : 80 = 5 €
Zitronenlimonade: 16 · 350 ct = 5 600 ct = 56 €

80 Kästen Apfelsaft zu je	€ **5,00**	: €	400,00
16 Kästen Zitronenlimonade zu je	€ 3,50	: €	**56,00**
		€	**456,00**

4 a Rechnung: 12 km = 12 000 m
Strecke Anna in 1 Minute: 12 000 m : 60 = 200 m
Strecke Anna in 17 Minuten: 17 · 200 m = 3 400 m

Antwort: Anna legt in 1 Minute 200 m und in 17 Minuten 3 400 m zurück.

b Rechnung:
zurückzulegende Strecke: 15 km 400 m = 15 400 m
Strecke in einer Stunde: 200 m · 60 = 12 000 m
Reststrecke: 15 400 m – 12 000 m = 3 400 m
(für 3 400 m braucht Anna 17 Min.; vgl. Ergebnis aus a)
Fahrzeit: 60 Min. + 17 Min. = 77 Min.
Fahrzeit + Pause: 77 Min. + 26 Min. = 103 Min. = 1 Std. 43 Min.

Antwort: Anna braucht 1 Stunde 43 Minuten für die Fahrt zu Leon.

c Skizze:
zurückgelegte Strecke Leon:

8.30 Uhr —**4 200 m**→ 9.30 Uhr | Pause 10 Min. | 9.40 Uhr —**4 200 m : 2 = 2 100 m**→ 10.10 Uhr

zurückgelegte Strecke Anna:

9.40 Uhr —**12 km : 2 = 6 km**→ 10.10 Uhr

Rechenbaum:

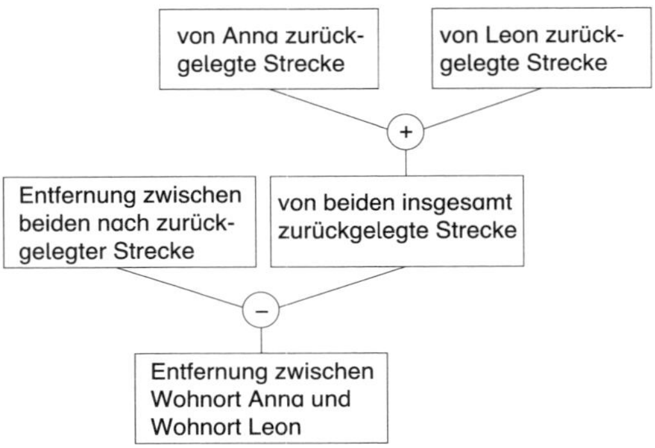

Rechnung: 6 300 m + 6 000 m = 12 300 m
15 400 m – 12 300 m = 3 100 m; 3 100 m = 3 km 100 m

Antwort: Anna und Leon sind noch 3 km und 100 m voneinander entfernt.

5 Rechnung:

Wert der mehr verkauften Tulpen:	2 € · 9 = 18 €
Einnahme bei gleicher Anzahl Tulpen und Rosen:	283 € – 18 € = 265 €
Kosten einer Rose und einer Tulpe zusammen:	2 € + 3 € = 5 €
Anzahl der verkauften Rosen:	265 € : 5 € = 53
Anzahl der mehr verkauften Tulpen:	53 + 9 = 62

Probe: 53 · 3 € = 159 €; 62 · 2 € = 124 €; 159 € + 124 € = 283 €

Antwort: Die Verkäuferin hat 53 Rosen und 62 Tulpen verkauft.

6 a 8 + 11 + 14 = 33 Teilnehmer

b Rechnung:
FC Bayern München: 8 + 3 = 11

TSV 1860 München: 14 – 3 = 11

1. FC Nürnberg:
33 + 2 = 35 Spieler in der D--Jugendmannschaft insgesamt
35 – 11 – 11 = 13 Fans des 1. FC Nürnberg

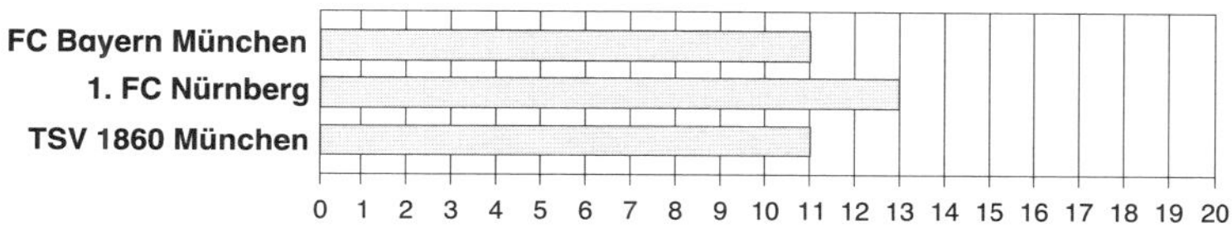

7 a 16 kleine Murmeln: 16 · 10 g = 160 g
8 große Würfel: 160 g : 8 = 20 g

Antwort: Ein großer Würfel wiegt 20 g.

b links 17 kleine Murmeln: 17 · 10 g = 170 g
2 kleine Würfel: ?
rechts 5 große Murmeln: 5 · 25 g = 125 g
7 kleine Würfel: ?

rechts und links können je 2 kleine Würfel entfernt werden:
170 g – 125 g = 45 g; 45 g : 5 = 9 g

Antwort: Ein kleiner Würfel wiegt 9 g.

Test 7

1 a

$$
\begin{array}{l}
461295 : 5 = 92259 \\
-45 \\
\quad 11 \\
\quad -10 \\
\qquad 12 \\
\qquad -10 \\
\qquad\quad 29 \\
\qquad\quad -25 \\
\qquad\qquad 45 \\
\qquad\qquad -45 \\
\qquad\qquad\quad 0
\end{array}
$$

Probe: $92259 \cdot 5 = 461295$

b $1279 \cdot 9 = 11511$

Probe:

$$
\begin{array}{l}
11511 : 9 = 1279 \\
-9 \\
\quad 25 \\
\quad -18 \\
\qquad 71 \\
\qquad -63 \\
\qquad\quad 81 \\
\qquad\quad -81 \\
\qquad\qquad 0
\end{array}
$$

2 10; 10; (+10) 20; (+10) 30; (+20) 50; (+30) **80**; (+50) **130**; (+80) **210**; (+130) 340

Es müssen immer die beiden vorhergehenden Zahlen addiert werden, um die folgende zu erhalten.

3 63 909 + 18 915 – 3 939 = **78 885**

4 11 111 – **6 667** = 4 444

Lösung:

$$
\begin{array}{r}
1_1\,1_1\,1_1\,1_1\,1 \\
-\;4\;4\;4\;4 \\
\hline
6\;6\;6\;7
\end{array}
$$

5 Skizze:

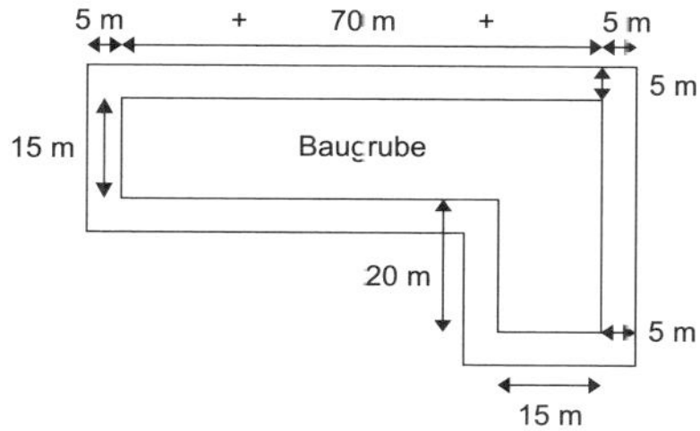

Rechnung:

70 m + 5 m + 5 m	=	80 m
15 m + 20 m + 5 m + 5 m	=	45 m
15 m + 5 m + 5 m	=	25 m
		20 m
80m – 25 m	=	55 m
15 m + 5 m + 5 m	=	25 m
		250 m

Antwort: Der Sicherungszaun muss 250 Meter lang sein.

6 Lösungsplan:

Zur Verfügung stehende Zeit:	13.45 Uhr bis 17.15 Uhr ⟶ 3 Std. 30 Min.
Fahrzeit für den Hinweg:	15 Min.
Fahrzeit für den Rückweg:	15 Min. + 5 Min. = 20 Min.
Gesamtfahrzeit:	15 Min. + 20 Min. = 35 Min.
Zeit zum Spielen:	3 Std. 30 Min. – 35 Min. = 2 Std. 55 Min.

Antwort: Leon bleiben 2 Std. 55 Min., um mit seinem Freund zu spielen.

7

	15 000	
300	**50**	
60	5	**10**

Rechnung: 15 000 : 300 = 50   50 : 5 = 10

8

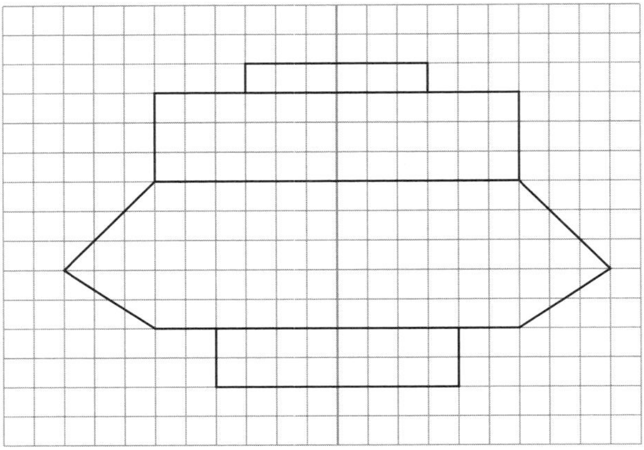

9 Überlegung:

Herr Knauser:
Gewicht Tobias + Gewicht Trolli + 40 kg *oder*
Gewicht Tobias + Gewicht Tobias · 3 + 40 kg

Tobias:
Gewicht Tobias

Hund Trolli:
Gewicht Tobias · 3

Rechnung:

Gesamtgewicht:	Gewicht Tobias · 8 + 40 kg = Gesamtgewicht
Gewicht Tobias:	88 kg – 40 kg = 48 kg; 48 kg : 8 = 6 kg
Hund Trolli:	3 · 6 kg = 18 kg
Herr Knauser:	18 kg + 40 kg + 6 kg = 64 kg

Probe: 64 kg + 18 kg + 6 kg = 88 kg (= Anzeige auf der Personenwaage)

Antwort: Sohn Tobias wiegt 6 kg, Herr Knauser 64 kg und Hund Trolli 18 kg.

10 Lösungsplan:

Leons Fahrrad + Papas Fahrrad = Gesamtpreis
380 € + 550 € = 930 €

Gesamtpreis – 35 € = Endpreis
930 € – 35 € = 895 €

Endpreis – zurückgelegtes Geld = zu sparendes Geld
895 € – 535 € = 360 €

zu sparendes Geld : 3 Monate = Sparrate pro Monat
360 € : 3 = 120 €

Antwort: Herr Neumann muss jeden Monat 120 € sparen.

Test 8

1

$$\begin{array}{r} 1\,2\,4\,3\,9\,5 \\ +\;3\;6_1\,8_1\,7_1\,4_1\,6 \\ \hline 4\,9\,3\,1\,4\,1 \end{array}$$

2

$$\begin{array}{r} 8\,4\,7 \cdot 4\,0\,6 \\ \hline 3\,3\,8\,8 \\ 0\,0\,0\,0 \\ {}_1\,5\,0\,8\,2 \\ \hline 3\,4\,3\,8\,8\,2 \end{array}$$

oder kürzer:

$$\begin{array}{r} 8\,4\,7 \cdot 4\,0\,6 \\ \hline 3\,3\,8\,8 \\ {}_1\,5\,0\,8\,2 \\ \hline 3\,4\,3\,8\,8\,2 \end{array}$$

3

48 : 2 = 24 24 + 10 = 34 Probe: 34 – 14 = 20
20 : 2 = 10 24 – 10 = 14 34 + 14 = 48

Antwort: Leons Onkel ist 34 Jahre alt und sein Sohn ist 14 Jahre alt.

4

a Lösungsplan „Menge Mühle pro Stunde“:
Mühle 1: Menge in 6 Stunden $\xrightarrow{:6}$ Menge in 1 Stunde
Mühle 2: Menge Mühle 1 in 1 Stunde · 2
Mühle 3: Menge in 4 Stunden $\xrightarrow{:4}$ Menge in 1 Stunde

Rechnung:
Mühle 1: 2 t 700 kg = 2 700 kg 2 700 kg : 6 = 450 kg
Mühle 2: 450 kg · 2 = 900 kg
Mühle 3: 2 t 600 kg = 2 600 kg 2 600 kg : 4 = 650 kg

Antwort: Die erste Mühle mahlt in einer Stunde 450 kg, die zweite Mühle 900 kg und die dritte Mühle 650 kg.

b Lösungsplan „Dauer Mahlvorgang“:
Menge Mühle 1 pro Stunde [+] Menge Mühle 2 pro Stunde [+] Menge Mühle 3 pro Stunde [=] Menge aller Mühlen pro Stunde
Gesamtmenge [:] Menge aller Mühlen pro Stunde [=] Dauer Mahlvorgang

Rechnung:
450 kg + 900 kg + 650 kg = 2 000 kg
5 000 kg : 2 000 kg = 2,5

Antwort: Der Mahlvorgang dauert zweieinhalb Stunden.

Lösungsplan „in Mühlen gefahrene Mengen“:

Menge Mühle 1 pro Std. $\xrightarrow{\cdot 2,5}$ Menge Mühle 1 in zweieinhalb Stunden
Menge Mühle 2 pro Std. $\xrightarrow{\cdot 2,5}$ Menge Mühle 2 in zweieinhalb Stunden
Menge Mühle 3 pro Std. $\xrightarrow{\cdot 2,5}$ Menge Mühle 3 in zweieinhalb Stunden

Rechnung:

Mühle 1: 450 kg · 2,5 = 1 125 kg
Mühle 2: 900 kg · 2,5 = 2 250 kg
Mühle 3: 650 kg · 2,5 = 1 625 kg

Probe:

$$\begin{array}{r} 1\;1\;2\;5\text{ kg} \\ 2\;2\;5\;0\text{ kg} \\ +\;1_1\,6_1\,2_1\,5\text{ kg} \\ \hline 5\;0\;0\;0\text{ kg} \end{array}$$

Antwort: Der Müller hat 1 125 kg Getreide in die erste Mühle, 2 250 kg in die zweite Mühle und 1 625 kg in die dritte Mühle gefahren.

5 5 785; 5 775; 5 745; 5 655; **5 385**; **4 575**
Zuerst wird 10 abgezogen. Dann wird die Zahl, die abgezogen wird, immer mit 3 malgenommen (also – 30, – 90, – 270, – 810).

6 Frage: Wie viel muss jedes Kind bezahlen?
Rechenbaum:

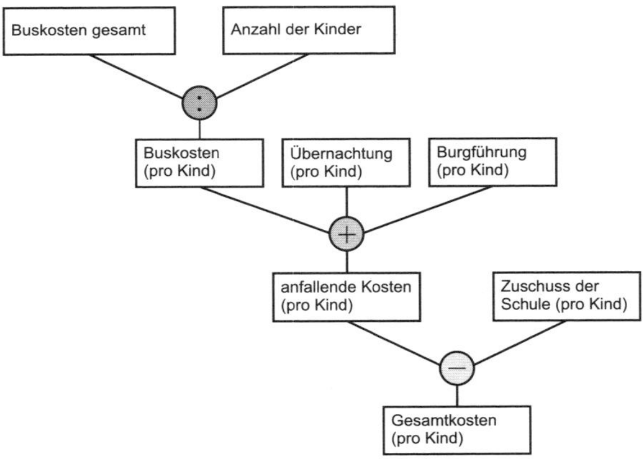

Rechnung:
Anzahl der Kinder: 23 + 27 = 50

Buskosten pro Kind:

$$
\begin{array}{rl}
33200\ \text{ct} : 50 = 664\ \text{ct} \\
-300\ \phantom{\text{ct}} \\
\hline
320\ \phantom{\text{ct}} \\
-300\ \phantom{\text{ct}} \\
\hline
200\ \phantom{\text{ct}} \\
-200\ \phantom{\text{ct}} \\
\hline
0\ \phantom{\text{ct}}
\end{array}
$$

anfallende Kosten pro Kind:

$$
\begin{array}{r}
9800\ \text{ct} \\
664\ \text{ct} \\
+\ {}_{1}\ {}_{1}\ 3_{1}6\ \text{ct} \\
\hline
10500\ \text{ct}
\end{array}
$$

Gesamtkosten pro Kind:

$$
\begin{array}{r}
10500\ \text{ct} \\
-\ 1200\ \text{ct} \\
\hline
9300\ \text{ct}
\end{array}
$$

Antwort: Jedes Kind muss 93 € für den Schullandheim-Aufenthalt bezahlen.

7 a A ——► **E** ——► **H** ——► **G**

b Rechnung:

C → D → A
54 500 Körner

C → B → A
44 500 Körner

C → G → F → E → A
12 500 + 52 500 = 65 000 Körner

C → G → H → E → A
12 500 + 30 500 + 10 500 – 52 500 = 106 000 Körner

Antwort: Das Eichhörnchen läuft den Weg C → G → H → E → A.

Lernzielkontrollen

Lernzielkontrolle 1

1

3 4 5	2 7 8	4 7 9	5 0 8
+ 2 3 4	+ 4 1_1 3	+ $_1$4$_1$6	+ 2_1 9_1 7
5 7 9	6 9 1	5 2 5	8 0 5

2

6 5 7	8_1 3_1 5	6_1 0_1 3	9_1 2_1 0
− 2 3 4	− 2 5 7	− 2 7 4	− 6 2
4 2 3	5 7 8	3 2 9	8 5 8

3

1 9 **4**	**4** 9 5	7 6 **6**	8 **9** 4
+ **3** **6** 7	+ 3 **2** **7**	− **3** 8 2	− **2** 3 6
5 6 1	8 2 2	3 **8** 4	6 5 **8**

4

6 · 5 + 5 = **30 + 5** = **35**
49 : 7 + 17 = **7 + 17** = **24**

8 + 7 · 6 = **8 + 42** = **50**
34 – 64 : 8 = **34 – 8** = **26**

5

50 · 8 = 400
8 · 8 = 64
58 · 8 = **464**

100 · 6 = 600
40 · 6 = 240
5 · 6 = 30
145 · 6 = **870**

420 : 7 = 60
56 : 7 = 8
476 : 7 = **68**

270 : 9 = 30
45 : 9 = 5
315 : 9 = **35**

6

+ *rot:* addieren, Summe, dazuzählen
– *blau:* subtrahieren, abziehen, Differenz
: *grün:* der ____ Teil von, dividieren
· *gelb:* multiplizieren, vervielfachen

7
a 32 · 2 = 64 50 · 4 = 200 64 + 200 = **264**
b 11 · 4 = 44 44 – 12 = **32**
c 480 : 6 = 80 25 : 5 = 5 80 + 5 = **85**

8
320 : 4 = **80** 450 : 90 = **5** 270 : 3 = **90**
250 : 40 = **6 R 10** 24 : 7 = **3 R 3** 530 : 60 = **8 R 50**

9
Rechnung: **3,60 € : 4 = 0,90 € 0,90 € · 7 = 6,30 €**

Antwort: **Sieben Tüten Salzbrezeln kosten 6,30 €.**

10
Rechnung: **1 Erwachsener = 2 Kinder; 2 Erwachsene, 3 Kinder = 7 Kinder**
56 € : 7 = 8 €, 2 · 8 € = 16 €

Antwort: **Der Eintritt für ein Kind kostet 8 €, der Eintritt für einen Erwachsenen kostet 16 €.**

Lernzielkontrolle 2

ZT	T	H	Z	E	
4	3	8	2	9	43 829
9	6	0	7	0	96 070
8	1	3	0	5	81 305
5	3	7	0	4	53 704
7	4	0	2	8	74 028

2

Nachbar-tausender	Nachbar-hunderter	Nachbar-zehner	Nachbar-einer	Zahl	Nachbar-einer	Nachbar-zehner	Nachbar-hunderter	Nachbar-tausender
7 000	**7 800**	**7 890**	**7 893**	7 894	**7 895**	**7 900**	**7 900**	**8 000**
9 000	**9 000**	**9 010**	**9 014**	9 015	**9 016**	**9 020**	**9 100**	**10 000**
3 000	**3 900**	**3 990**	**3 998**	**3 999**	4 000	**4 000**	**4 000**	**4 000**

3

30 470 < 34 744 | 76 890 > 67 980 | 56 039 < 65 903

6 Z 3 ZT 4 T = 34 060 | 2 H 7 Z 4 ZT 3 E 5 T > 34 725 | 18 906 = 9 H 8 T 1 ZT 6 E

4

a 48 100, 48 300, 48 500, 48 700, **48 900**, **49 100**, **49 300**
b 24 300, 25 400, 26 500, 27 600, **28 700**, **29 800**, **30 900**
c 35 200, 35 300, 35 500, 35 800, **36 200**, **36 700**, **37 300**
d 81 700, 81 300, 80 900, 80 500, **80 100**, **79 700**, **79 300**
e 94 600, 84 500, 74 400, 64 300, **54 200**, **44 100**, **34 000**

5

a Die Zahl heißt: **20 754**
b Die Zahl heißt: **84 800**
c Die Zahl heißt: **50 000**
d Die Zahl heißt: **5 000**

6

$$\begin{array}{r} 5\ 9\ 7\ 6\ 2 \\ +\ 3_1 4_1 5\ 1\ 4 \\ \hline 9\ 4\ 2\ 7\ 6 \end{array} \qquad \begin{array}{r} 2_{\text{l}}\ 3_{\text{l}}\ 0_{\text{l}}\ 7\ 5 \\ -\ \ 4\ 5\ 9\ 1 \\ \hline 1\ 8\ 4\ 8\ 4 \end{array} \qquad \begin{array}{r} 6_{\text{l}}\ 5_{\text{l}}\ 0_{\text{l}}\ 0_{\text{l}}\ 0 \\ -\ 1\ 8\ 2\ 0\ 7 \\ \hline 4\ 6\ 7\ 9\ 3 \end{array} \qquad \begin{array}{r} 5\ 8\ 9\ 1\ 6 \\ +\ {}_1 9_1 3_1 8_1 7 \\ \hline 6\ 8\ 3\ 0\ 3 \end{array}$$

7

$7 \cdot 3\,000 =$ **21 000** | $600 \cdot 6 =$ **3 600** | $9 \cdot 8\,000 =$ **72 000** | $4\,000 \cdot 8 =$ **32 000**

$48\,000 : 6 =$ **8 000** | $54\,000 : 9 =$ **6 000** | $35\,000 : 70 =$ **500** | $2\,800 : 40 =$ **70**

8

Rechnung:

$$\begin{array}{r} \mathbf{3\ 2\ 8\ 0} \\ -\ \mathbf{1\ 5\ 2\ 0} \\ \hline \mathbf{1\ 7\ 6\ 0} \end{array} \qquad \begin{array}{r} \mathbf{3\ 2\ 8\ 0} \\ +\ \mathbf{1\ 7\ 6\ 0} \\ \hline \mathbf{5\ 0\ 4\ 0} \end{array} \qquad \begin{array}{r} \mathbf{8\ 0\ 0\ 0} \\ -\ \mathbf{5\ 0\ 4\ 0} \\ \hline \mathbf{2\ 9\ 6\ 0} \end{array}$$

Antwort: **Die dritte Zahl heißt 2 960.**

9

$$\begin{array}{r} 3\ 0\ 7\ 5\ 3 \\ +\ 2\ 2\ 6\ 9\ 1 \\ \hline 5\ 3\ 4\ 4\ 4 \end{array} \qquad \begin{array}{r} 5\ 5\ 0\ 0 \\ +\ \ 5\ 5\ 0\ 0 \\ \hline 1\ 1\ 0\ 0\ 0 \end{array}$$

oder
$5\,500 \cdot 2 = 11\,000$

$$\begin{array}{r} 5\ 3\ 4\ 4\ 4 \\ -\ 1\ 1\ 0\ 0\ 0 \\ \hline \mathbf{4\ 2\ 4\ 4\ 4} \end{array}$$

Lernzielkontrolle 3

1

700 000 + 6 000 + 300 + 10 + 4	500 000 + 40 000 + 600 + 20 – 9	500 000 + 40 000 + 9 000 + 30 + 7	700 000 + 60 000 + 4 000 + 800 + 3
fünfhundertneunundvierzigtausendsiebenunddreißig	siebenhundertvierundsechzigtausendachthundertdrei	fünfhundertvierzigtausendsechshundertneunundzwanzig	siebenhundertsechstausenddreihundertvierzehn
5 HT 4 ZT 9 T 3 Z 7 E	6 T 4 E 7 HT 3 H 1 Z	6 ZT 8 H 4 T 3 E 7 HT	6 H 5 HT 9 E 4 ZT 2 Z
706 314	549 037	764 803	540 629

2 a

Vorgänger	Zahl	Nachfolger
235 631	235 632	**235 633**
467 898	467 899	**467 900**

b

Nachbartausender	Zahl	Nachbartausender
235 000	235 632	**236 000**
560 000	560 088	**561 000**

c

Nachbarzehntausender	Zahl	Nachbarzehntausender
230 000	235 632	**240 000**
720 000	728 500	**730 000**

3 a

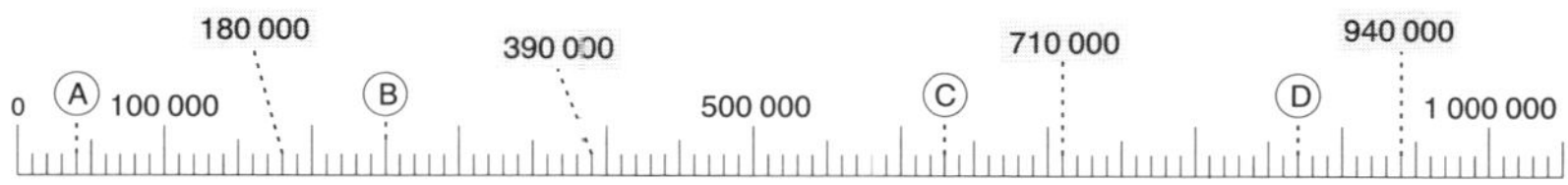

b A: **40 000** B: **250 000** C: **630 000** D: **870 000**

4 7 969 < 79 458 < 709 453 < 769 055 < 790 654

5 a 643 800 + **6 200** = 650 000 827 400 + **2 600** = **830 000**

b 368 200 + **31 800** = 400 000 579 100 + **20 900** = **600 000**

6 Bei den Ziffern **0, 1, 2, 3, 4** wird abgerundet,
bei den Ziffern **5, 6, 7, 8, 9** wird aufgerundet.

7 a 3 729 m ~ **3 700** m   72 684 m ~ **72 700** m   853 m ~ **900** m

b Regensburg: 135 520 Menschen ~ **140 000 Menschen**
Eisenach: 42 750 Menschen ~ **40 000 Menschen**
Essen: 574 635 Menschen ~ **570 000 Menschen**

8 a Donnerstag: **1 200**   Freitag: **900**   Samstag: **1 600**

b

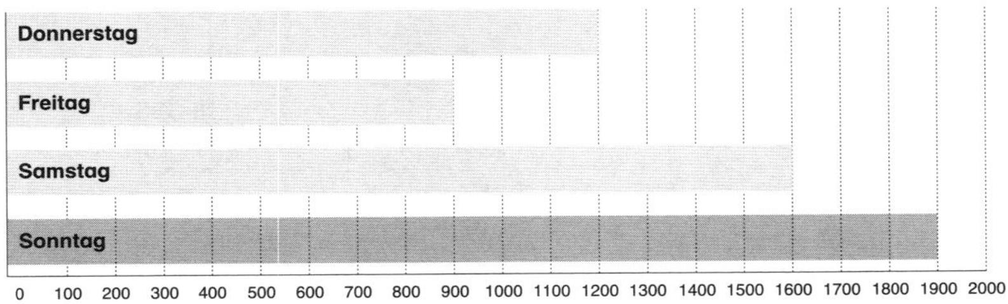

9 Rechnung:

$$\begin{array}{r} 66000 \\ +\ 59700 \\ \hline 125700 \end{array} \qquad \begin{array}{r} 174325 \\ -\ 125700 \\ \hline 48625 \end{array}$$

Antwort: **In Köln waren es 48 625 Fans.**

Lernzielkontrolle 4

1

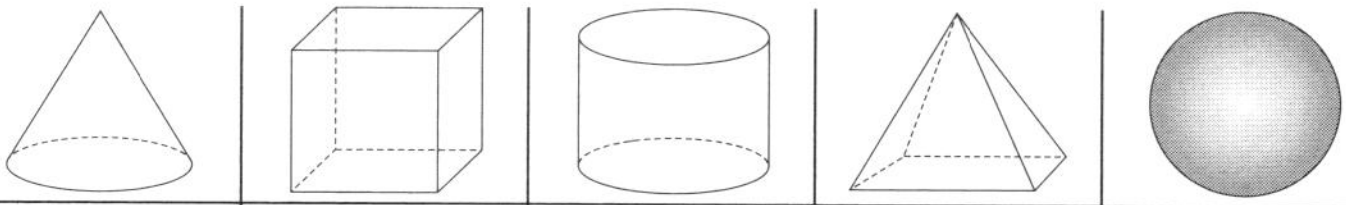

Körper					
Name	**Kegel**	**Würfel**	**Zylinder**	**Pyramide**	**Kugel**
Flächen	**2**	**6**	**3**	**5**	**1**
Ecken	**1**	**8**	**0**	**5**	**0**
Kanten	**1**	**12**	**2**	**8**	**0**

2 Auch der Quader ist ein Körper.
Er hat **sechs** Flächen, **acht** Ecken und **zwölf** Kanten. Jede Seitenfläche ist ein **Rechteck**. Alle **gegenüberliegenden** Kanten sind gleich **lang**.

3

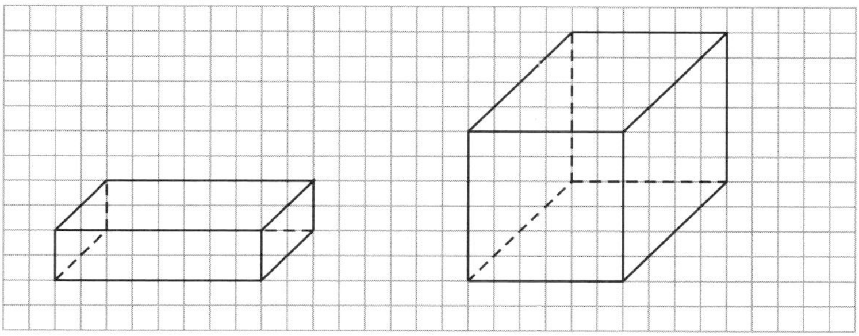

4

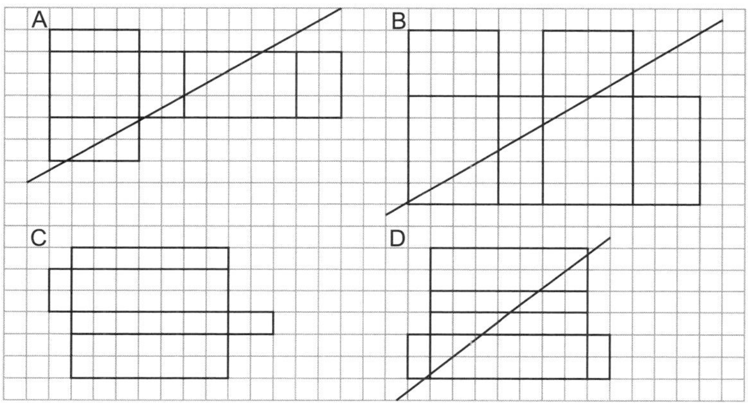

5

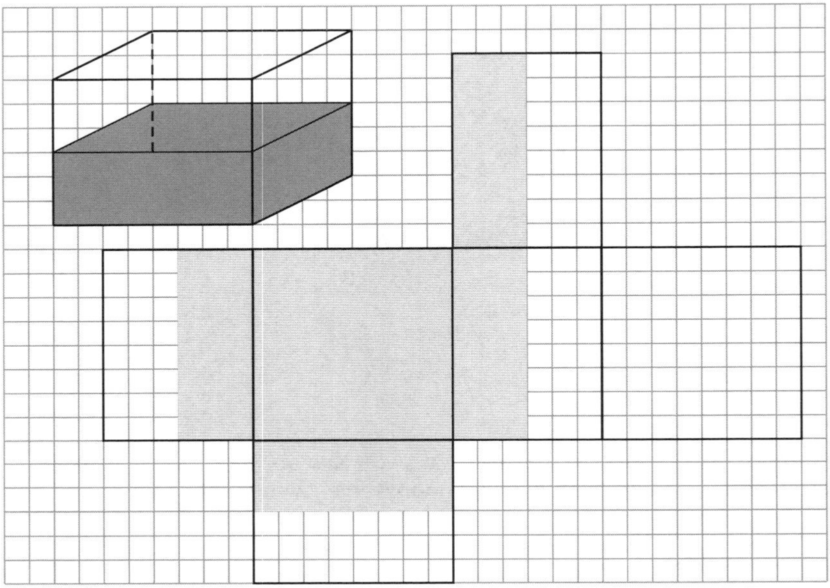

6 A: **24** B: **18** C: **19**

7

Körper A:

3	**3**	**3**	**3**
2	**2**	**2**	**2**
1	**1**	**1**	**1**

Körper B:

3	**2**		
3	**2**		
6	**2**		

Körper C:

4	**5**	**5**	
		5	

8 Körper A: sichtbare Würfel: **13** Körper B: verdeckte Würfel: **6**

9

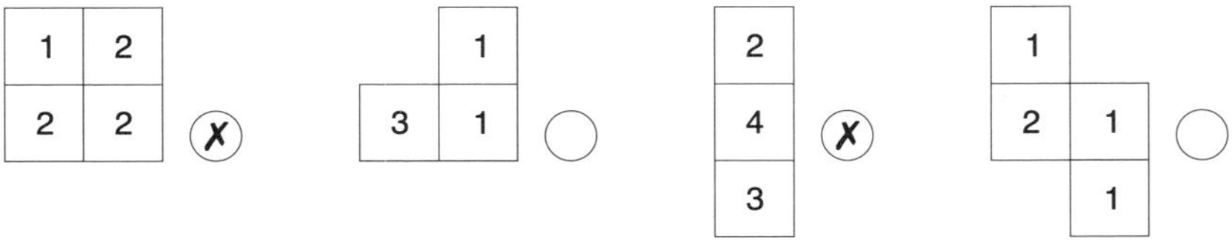

10 a **Insgesamt brauche ich 11 Würfel.**

b

	2		
1	**1**	**3**	
4			

11 A: **60** B: **60** C: **36**

Lernzielkontrolle 5

1

60 · 70 = **4 200**
300 · 9 = **2 700**
120 000 : 4 = **30 000**

8 · 80 = **640**
90 · 8 000 = **720 000**
5 600 : 70 = **80**

50 000 · 6 = **300 000**
40 000 : 5 = **8 000**

2

1 7 5 4 · 3
5 2 6 2

6 8 4 7 · 7
4 7 9 2 9

4 3 0 2 · 9
3 8 7 1 8

3 1 1 2 4 · 4
1 2 4 4 9 6

7 3 1 9 8 · 8
5 8 5 5 8 4

5 7 6 5 0 · 5
2 8 8 2 5 0

3

8 0 7 3 · 6 Ü: **8 000 · 6 = 48 000**

9 0 4 1 · 7
6 3 2 8 7 Ü: **9 000 · 7 = 63 000**

7 8 1 2 · 8
6 2 4 9 6 Ü: **8 000 · 8 = 64 000**

5 4 2 0 · 9 Ü: **5 000 · 9 = 45 000**

4

6, 2 3 € · 4
2 4, 9 2 €

8, 7 2 € · 6
5 2, 3 2 €

1 4, 0 2 € · 8
1 1 2, 1 6 €

3 7, 3 4 € · 7
2 6 1, 3 8 €

2 8 0, 0 6 € · 9
2 5 2 0, 5 4 €

3 8 0 9, 0 8 € · 3
1 1 4 2 7, 2 4 €

5

2748 · 85
21984
+ 13740
233580

3799 · 53
18995
+ 11397
201347

3572 · 217
7144
3572
+ 25004
775124

6

5 **4** 2 **1** · 4
2 1 6 **8** 4

7 **5** 3 8 · **6**
4 **5** 2 2 8

7

371 · 3
1113

1113 · 8
8904

8

Rechnung: **1650 m · 3**
4950 m

4950 m · 7
34650 m

oder **1650 m · 21**
33000 m
+ 1659 m
34650 m

Antwort: **Jens läuft in einer Woche 34,650 km.**

9

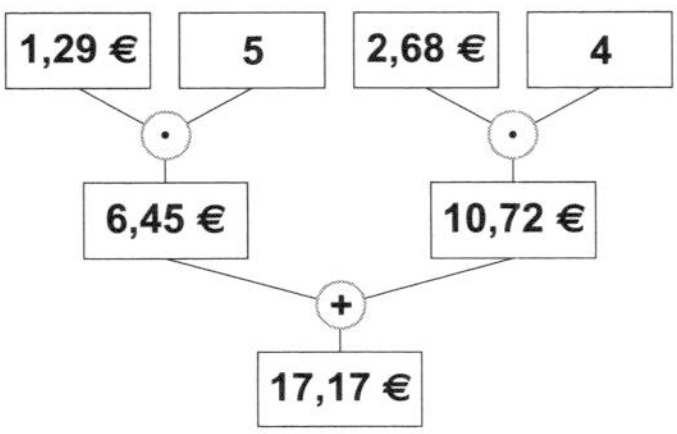

Rechnung: **1,29 € · 5**
6,45 €

2,68 € · 4
10,72 €

6,45 €
+ 10,72 €
17,17 €

Antwort: **Sie muss 17,17 € bezahlen.**

10 a Rechnung:

2 4 € · 7	**1 2 € · 6**	**1 6 8 €**
1 6 8 €	**7 2 €**	**+ 7 2 €**
		2 4 0 €

oder **1 2 € · 2 0** = **2 4 0 €** **(7 E = 14 K; 14 K + 6 K = 20 K)**

Antwort: **Sie müssen 240 € bezahlen.**

b Rechnung:

1 8 · 8 €	**1 4 4 €**
1 4 4 €	**+ 1 6 €**
	1 6 0 €

oder **8 € · 2 0** = **1 6 0 €** **(1 E = 2 K; 18 K + 2 K = 20 K)**

Antwort: **Sie müssen 160 € bezahlen.**

Lernzielkontrolle 6

1

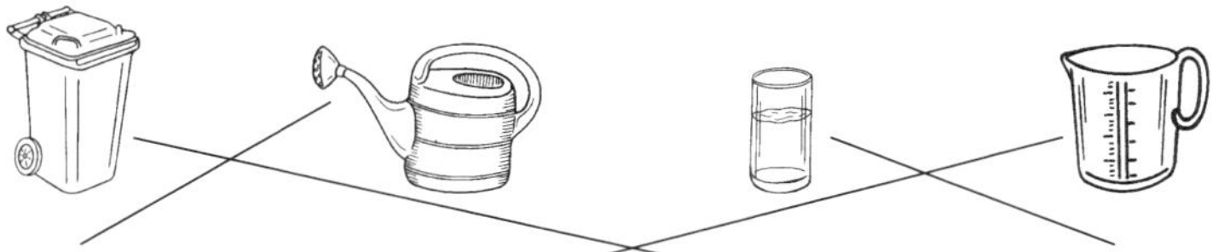

5 ℓ 500 *mℓ* 50 ℓ 250 *mℓ*

2

$\frac{1}{4}$ ℓ = **250 *mℓ*** $\frac{1}{2}$ ℓ = **500 *mℓ*** $\frac{1}{8}$ ℓ = **125 *mℓ*** $\frac{3}{4}$ ℓ = **750 *mℓ***

0,4 ℓ = **400 *mℓ*** 0,01 ℓ = **10 *mℓ*** 2,5 ℓ = **2 500 *mℓ*** 0,15 ℓ = **150 *mℓ***

3

820 *mℓ* + **180 *mℓ*** = 1 ℓ

7 *mℓ* + **993 *mℓ*** = 1 ℓ

0,4 ℓ + **600 *mℓ*** = 1 ℓ

$\frac{3}{8}$ ℓ + **625 *mℓ*** = 1 ℓ

33 *mℓ* + **967 *mℓ*** = 1 ℓ

4 *mℓ* + 225 *mℓ* + **771 *mℓ*** = 1 ℓ

0,125 ℓ + 0,3 ℓ + **575 *mℓ*** = 1 ℓ

$\frac{1}{2}$ ℓ + $\frac{1}{8}$ ℓ + $\frac{1}{8}$ ℓ + **250 *mℓ*** = 1 ℓ

4

225 *mℓ* **>** $\frac{1}{8}$ ℓ 0,9 ℓ **>** 99 *mℓ* 200 *mℓ* **<** 2 ℓ

1,4 ℓ **=** 1 400 *mℓ* $\frac{3}{4}$ ℓ **>** 0,34 ℓ 70 *mℓ* **<** 0,7 ℓ

5 4 ℓ 330 mℓ = 4,33 ℓ; 4,03 hℓ = 403 ℓ; 3 400 mℓ = 3,4 ℓ

0,034 ℓ < 0,33 ℓ < 3,4 ℓ < 4,33 ℓ < 43 ℓ < 340 ℓ < 403 ℓ < 430 ℓ

6 5 890 ℓ + 3 510 ℓ = **9 400** ℓ = **94** hℓ   7 470 ℓ + 1 380 ℓ = **8 850** ℓ = **88,5** hℓ
7 250 ℓ + 2 650 ℓ = **9 900** ℓ = **99** hℓ   8 300 ℓ + 4 750 ℓ = **13 050** ℓ = **130,5** hℓ

7 a doppelt so viel wie … $\frac{3}{4}$ ℓ ist $\mathbf{1\frac{1}{2}}$ **ℓ** … 6,5 ℓ ist **13 ℓ**

b halb so viel wie … $\frac{1}{4}$ ℓ ist $\mathbf{\frac{1}{8}}$ **ℓ** … 2,5 ℓ ist **1,25 ℓ**

c passt viermal in … $\frac{1}{2}$ ℓ: $\mathbf{\frac{1}{8}}$ **ℓ** … 3 ℓ: $\mathbf{\frac{3}{4}}$ **ℓ**

8 a

Monat	Dez	Jan	Feb	März	April	Mai
Niederschlag	58	**69**	**52**	**59**	**81**	**110**

b

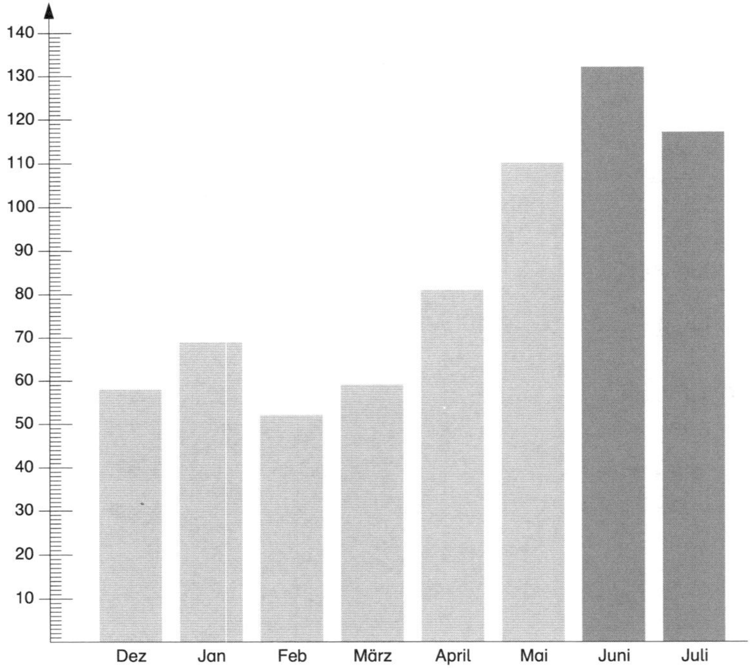

9 Rechnung: **75 ℓ · 7 = 525 ℓ** *(schriftlich oder halbschriftlich rechnen)*
180 ℓ · 3 = 540 ℓ *(schriftlich oder halbschriftlich rechnen)*
540 ℓ – 525 ℓ = 15 ℓ

Antwort: **Tom verbraucht pro Woche 15 ℓ mehr als Eva.**

10 a Rechnung: **3 · 5 mℓ = 15 mℓ**
15 mℓ · 7 = 105 mℓ *(schriftlich oder halbschriftlich rechnen)*
150 mℓ – 105 mℓ = 45 mℓ

Antwort: **Nach einer Woche sind noch 45 mℓ Saft übrig.**

b Rechnung: *möglicher Lösungsweg:*
3 · 5 mℓ = 15 mℓ
15 mℓ · ? = 150 mℓ
150 mℓ : 15 mℓ = 10

Antwort: **Der Hustensaft reicht insgesamt für 10 Tage.**

Lernzielkontrolle 7

1

24 000 : 8 = **3 000**	35 000 : 5 = **7 000**	28 000 : 7 = **4 000**
3 200 : 4 = **800**	6 300 : 9 = **700**	1 800 : 3 = **600**

2 Ü: **20 000 : 4 = 5 000**

```
  1 9 4 5 6 : 4 = 4 8 6 4
– 1 6
    3 4
  – 3 2
      2 5
    – 2 4
        1 6
      – 1 6
          0
```

Ü: **490 000 : 7 = 70 000**

```
  5 1 1 5 6 7 : 7 = 7 3 0 8 1
– 4 9
    2 1
  – 2 1
      0 5
    –   0
        5 6
      – 5 6
          0 7
        –   7
            0
```

3

```
  39862 : 6 = 6643 R 4
- 36
   38
 - 36
    26
  - 24
     22
   - 18
      4
```

```
  173805 : 5 = 34761
- 15
   23
 - 20
    38
  - 35
     30
   - 30
      05
    -  5
       0
```

```
  50868 : 8 = 6358 R 4
- 48
   28
 - 24
    46
  - 40
     68
   - 64
      4
```

```
  792449 : 9 = 88049 R 8
- 72
   72
 - 72
    04
  -  0
     44
   - 36
      89
    - 81
       8
```

4

```
  68706 : 11 = 6246
- 66
   27
 - 22
    50
  - 44
     66
   - 66
      0
```

```
  486795 : 15 = 32453
- 45
   36
 - 30
    67
  - 60
     79
   - 75
      45
    - 45
       0
```

5

32 701 ist durch 2 teilbar — **falsch** *(denn 32 701 ist eine ungerade Zahl)*
40 615 ist durch 5 teilbar — **wahr** *(denn die letzte Ziffer ist eine 5)*
44 833 ist durch 3 teilbar — **falsch** *(denn die Quersumme ist 22 und somit nicht durch 3 teilbar)*

6 *durch 9 teilbar: grün ; durch 4 teilbar: blau*

552 7 504 1 638 15 024 6 384 17 230 330 048

7 Rechnung: **29,20 € : 8 = 3,65 €**

Antwort: **Ein einzelnes Spiel kostet 3,65 €.**

8 Rechnung: **50,00 € : 8 = 6,25 €**

Antwort: **Jeder Enkel muss 6,25 € bezahlen.**

9 Rechnung: **17 600 € – 10 000 € = 7 600 €**
7 600 € : 8 = 950 €

Antwort: **Eine Monatsrate beträgt 950 €.**

10 Rechnung: *möglicher Lösungsweg:*

75 € + 50 € + 50 € = 175 €

7,50 € · 10 = 75 €

175 € + 75 € = 250 €

Antwort: **Sabrina hat richtig gerechnet, nach 10 Wochen hat sie 250 €.**

Lernzielkontrolle 8

1 a b

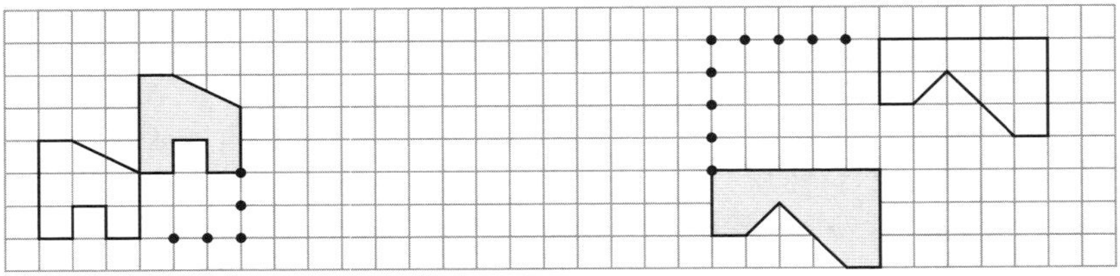

2

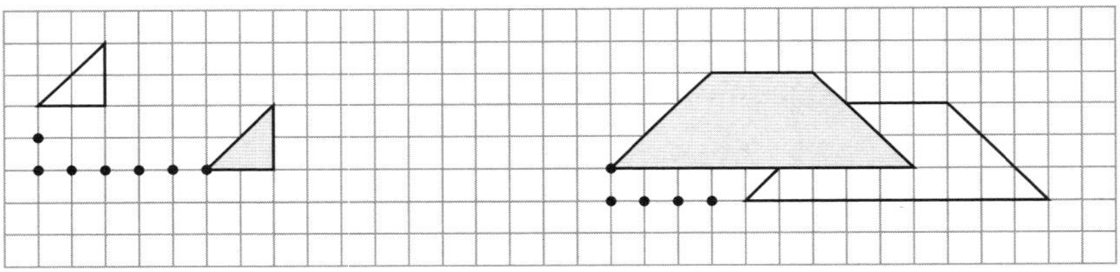

a 2↓ 5→ b 1↑ 4←

3

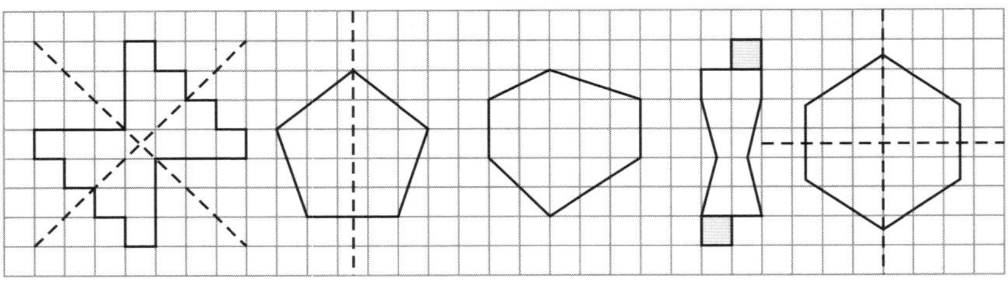

4

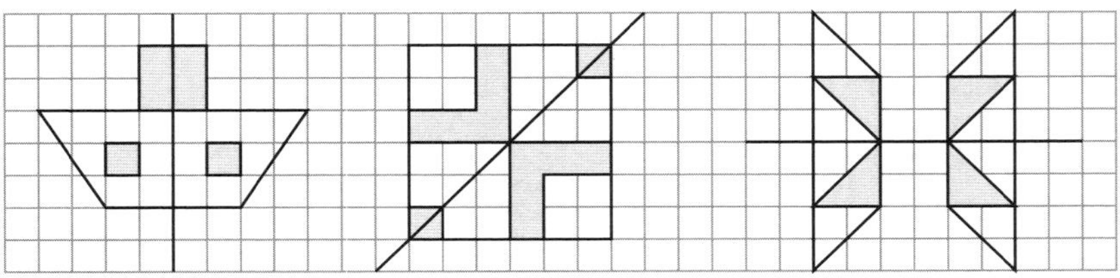

5

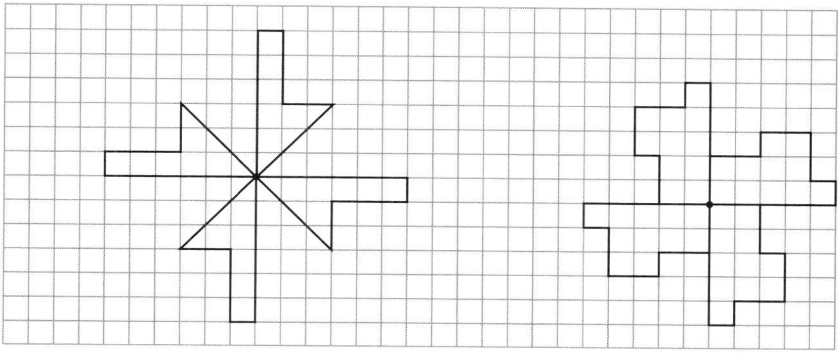

6

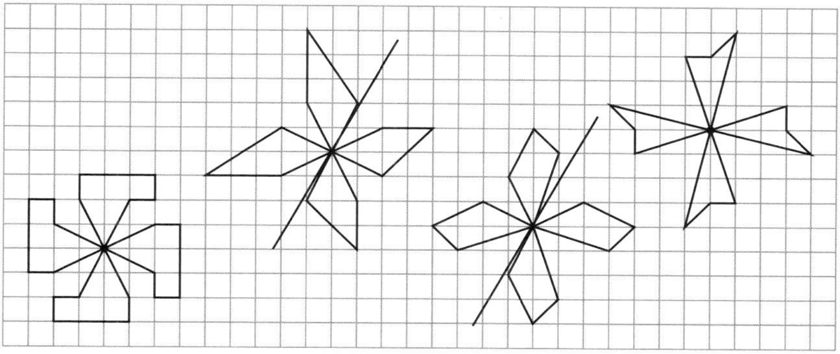

7 *Lösungsvorschlag:*

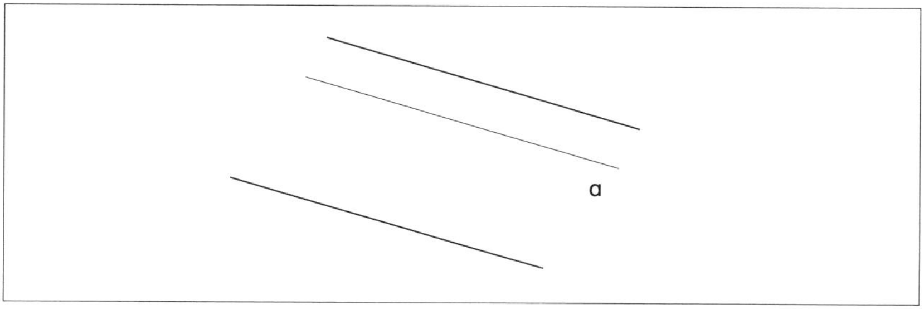

8 *Lösungsvorschlag:*

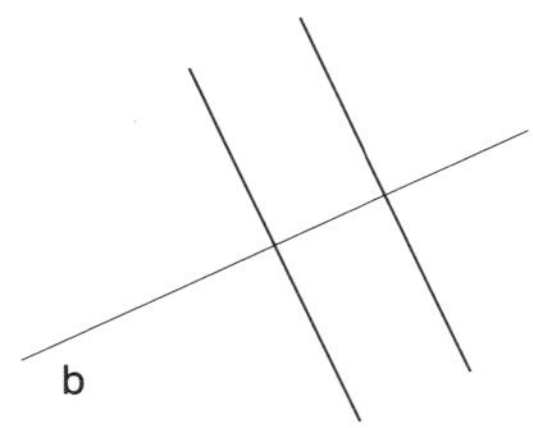

Lernzielkontrolle 9

1

a	der Marstallplatz?	**D 2**
b	der Karlsplatz (Stachus)?	**A 2**
c	der Sendlinger-Tor-Platz?	**A 4**
d	der Viktualienmarkt?	**C 4**

2

Der Hofgarten liegt am Isartor.	**falsch**
Der kürzeste Weg vom Marienplatz zum Isartor führt über die Burgstraße.	**falsch**
Die Maximilianstraße führt zum Viktualienmarkt.	**falsch**
Die Frauenstraße liegt südlich vom Marienplatz.	**wahr**

3

Grundriss
Länge: **8 cm** Breite: **3,5 cm**

Wirklichkeit
Länge: **800 cm = 8 m** Breite: **350 cm = 3,5 m**

4

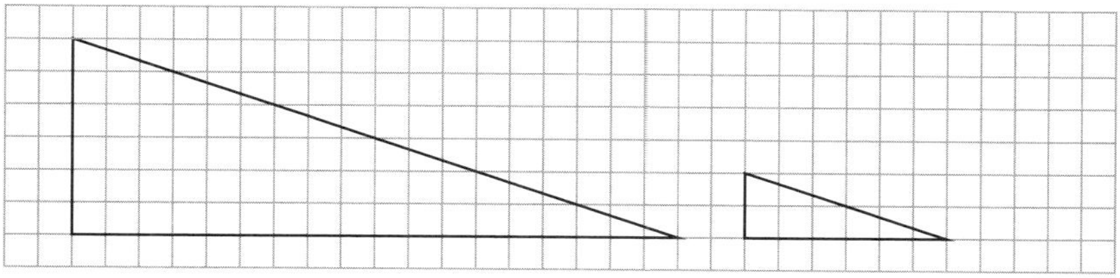

5 a Schrank: **Breite: 50 cm, Länge: 125 cm**

Bett: **Breite: 100 cm, Länge: 225 cm**

b

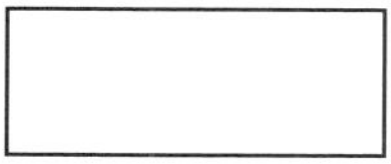

Breite: 1 cm; Länge: 2,5 cm

6

Maßstab 1 : 50

Bild	Wirklichkeit
3 cm	**150 cm**
10 cm	5 m (500 cm)

Maßstab 1 : 100

Bild	Wirklichkeit
5 cm	**5 m (500 cm)**
7 cm	7 m

Maßstab 1 : 200

Bild	Wirklichkeit
10 cm	20 m (2 000 cm)
6 cm	**12 m (1 200 cm)**

7

Maßstab 1 : 250 000

Bild	Wirklichkeit
2 cm	**(500 000 cm =) 5 km**
10 cm	(2 500 000 cm =) 25 km

Maßstab 1 : 1 000 000

Bild	Wirklichkeit
8 cm	**(8 000 000 cm =) 80 km**
3,5 cm	(3 500 000 cm =) 35 km

8 a Das Bild ist 20-mal so groß wie die Wirklichkeit.

b *Lösungsvorschlag:*
Für ganz kleine Dinge, zum Beispiel kleine Tiere (Käfer, Milben, …).

Lernzielkontrolle 10

1 a 418 $\xrightarrow{-82}$ **336** $\xrightarrow{:6}$ **56** $\xrightarrow{:7}$ **8**

b 6 212 $\xrightarrow{-3917}$ **2 295** $\xrightarrow{:5}$ **459** $\xrightarrow{+61}$ **520**

c 3 170 $\xrightarrow{\cdot 2}$ **6 340** $\xrightarrow{-1600}$ **4 740** $\xrightarrow{:4}$ **1 185**

2 a Rechnung: **3 200 + 400 = 3 600**
3 600 : 8 = 450
450 : 2 = 225

Antwort: **Die Zahl heißt 225.**

b Rechnung: **115 · 4 = 460**
460 – 149 = 311
311 · 3 = 933

Antwort: **Die Zahl heißt 933.**

3 6 km 20 m + 6,2 km = **6 020 m + 6 200 m = 12 220 m = 12,22 km**

9,5 km – 4 km 560 m = **9 500 m – 4 560 m = 4 940 m = 4,94 km**

28 km 33 m + $3\frac{1}{2}$ km = **28 033 m + 3 500 m = 31 533 m = 31,533 km**

13 200 m – 1,4 km = **13 200 m – 1 400 m = 11 800 m = 11,8 km**

4 Rechnung: **335 cm – 55 cm = 280 cm = 2 m 80 cm**
280 cm + 70 cm = 350 cm = 3 m 50 cm

Antwort: **Tim ist 2 m 80 cm weit gesprungen, Peter 3 m 50 cm.**

5 a Rechnung: **1 068 km + 1 457 km = 2 525 km**
2 525 km : 100 km = 25 R 25
25 · 8 ℓ = 200 ℓ
100 km : 25 km *(da R 25)* **= 4**
8 ℓ : 4 = 2 ℓ
200 ℓ + 2 ℓ = 202 ℓ

Antwort: **Sie haben 202 Liter Benzin verbraucht.**

b Rechnung: **202 ℓ – 15 ℓ = 187 ℓ**
187 ℓ : 60 ℓ = 3 R 7

Antwort: **Sie müssen unterwegs viermal tanken.**

6 a $\frac{1}{4}$ h: **80 km : 4 = 20 km**

b $1\frac{1}{2}$ h: **80 km : 2 = 40 km** **80 km + 40 km = 120 km**

7 a Rechnung: **80 km + 40 km + 50 km + 70 km = 240 km**
240 km : 80 km/h = 3 h

Antwort: **Er braucht 3 Stunden.**

b

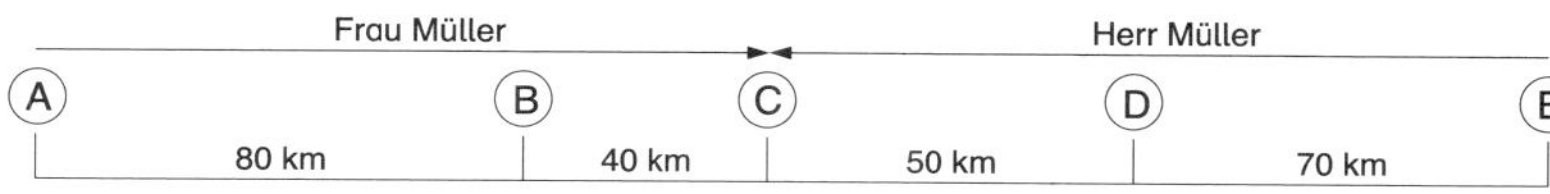

c **120 km : 80 km/h = 1,5 h**
Jeder ist 1,5 Stunden gefahren.

8 367, 376, 637, 673, 736, 763

9 kleinste Zahl: **3** größte Zahl: **18**

10 *Lösungsvorschlag:*

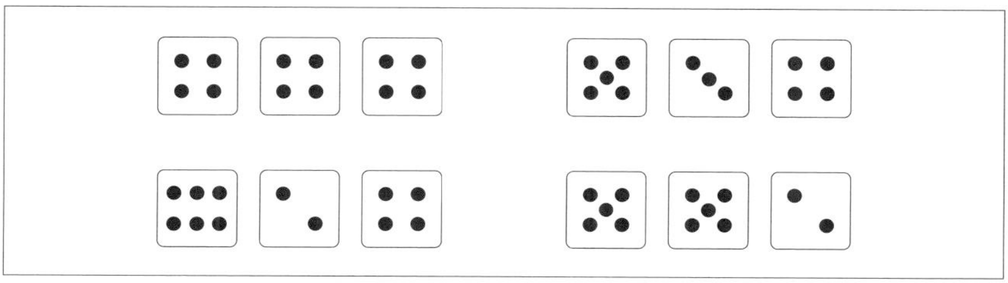

11 „Ich werde eine Zahl zwischen 3 und 6 würfeln.“ **2**
„Ich werde eine Zahl zwischen 10 und 13 würfeln.“ **1**
„Ich werde genau die Zahl 18 würfeln.“ **3**

12 a

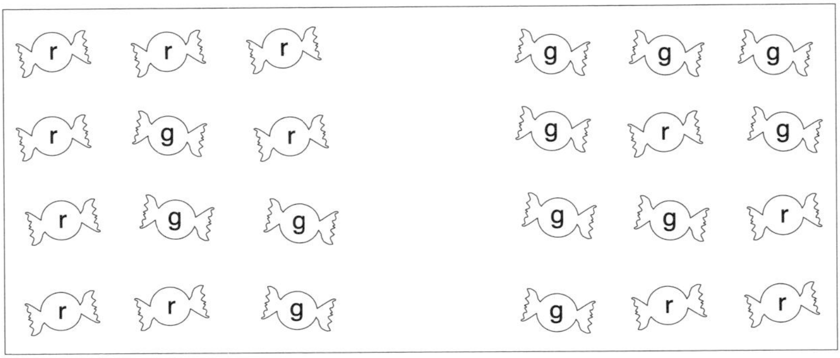

b **Ich muss höchstens fünfmal hineingreifen.**

Notizen